중·고교 연결수학

중학교 수학의 기초가 없어도 어려운 고등학교 수학을
쉽게 공부할 수 있는 유일한 수학 교재

공통수학 2 상

중간고사 대비

중고교 연결수학을 펴내면서

▌왜 수학 때문에 고민하십니까?

학생1 : 중학교 때 열심히 공부하지 않은 것을 많이 후회했는데 중고교 연결수학으로 공부하면서 중학교 수학의 기초부터 다져가며 공부할 수 있어 정말 너무 좋아요. 고등학교에 입학하기 전에 열심히 공부하여 원하는 대학에 꼭 합격할 거예요!

학생2 : 중학교 수학과는 달리 고등학교 수학은 어렵고 분량도 많아 미리 공부했지만 머릿속에 남아있는 것이 아무것도 없어 고민했는데 중고교 연결수학을 만나면서 수학이 재미있어졌어요! 이 책에는 여러 가지 특별한 장점이 많아요. 특히 일타강사의 명쾌하고 요약된 강의는 머릿속에 온전히 남아있어 문제를 풀 때 큰 도움이 되고 있어요. 이제부터 정말 열심히 공부하여 소위 말하는 SKY 대학에 진학할 거예요!

위와 같은 사례는 직접 학생들을 상담하면서 수학 때문에 고민하는 많은 학생들에게 들었던 내용입니다.

▌수학에 대한 고민 완전 해결

고등학교 수학은 학생들이 많이 어려워하고 나름대로 열심히 공부해 보지만 실제로 학교 내신성적이 잘 오르지 않아 고민하는 학생이 의외로 많습니다. 따라서 고차원수학에서는 이런 학생들의 고민을 해결하고자 최초로 중고교 과정을 연결하는 수학 교재를 개발하였습니다.

본 교재는 어느 출판사에서도 시도해 본 적이 없는 여러 가지 좋은 교육 노하우가 담겨있고 이미 현장 강의에서 큰 호응을 얻고 있으니 고등학교 수학을 공부하면서 어려움을 겪고 있는 학생들에게 큰 도움이 될 수 있다고 확신합니다. 이 책으로 공부한 학생들이 수학의 어려움을 딛고 일어나 수학에 자신감을 갖고 열심히 공부할 수 있기를 바랍니다.

중고교 연결수학의 구성과 특징

고차원수학에서는 어려운 수학을 학생들이 쉽고 재미있게 공부할 수 있도록 연구 개발하여 다음과 같이 다른 교재와 차별화된 내용으로 편찬하였습니다.

1 최초로 중고교 연결과정 선수학습

이 책에서는 각 단원마다 중고교 연결과정을 선수학습 함으로써 중학교 수학의 기초가 없어도 고등학교 수학을 쉽게 공부할 수 있도록 하였습니다.

2 최초로 수학 일타강사의 현장 강의 수록

이 책에서는 수학 일타강사의 현장 강의 내용을 그대로 수록하여 복잡한 수학의 개념과 원리를 한눈에 알아보고 머릿속에 오래 기억될 수 있도록 하였습니다.

3 최초로 탐구학습을 통해 문제를 보는 방법과 푸는 방법 제시

이 책에서는 일타강사의 강의가 문제에 어떻게 적용되는가를 보여주고 탐구학습을 통해 문제를 보는 방법과 푸는 방법을 연마할 수 있도록 하였습니다.

4 최초로 각 단원마다 복습 확인 문제로 점검

이 책에서는 각 단원마다 복습 확인 문제 A, B 단계를 두어 앞에서 배운 내용을 복습하고 점검할 수 있도록 하였습니다.

5 최초로 각 단원 끝에 반복학습기록란 배치

이 책에서는 각 단원 끝에 반복학습기록란을 배치하여 학생 스스로 반복 학습한 횟수를 기록하고 선생님이 체크하므로써 반복 학습할 때마다 수학 실력이 향상되는 것을 직접 느낄 수 있도록 하였습니다.

고차원능률학습연구소

이 책의 학습방법

1 개념학습 방법

개념 은 대부분 복잡하고 긴 문장으로 이루어져 있기 때문에 잘 이해하려면 중요한 것에 밑줄을 그어 가면서 정독해야 한다.

2 강의학습 방법

강의 는 복잡한 개념을 간단하게 요약해 놓은 것으로 언제든지 머리 속에서 꺼내 활용할 수 있도록 이해하고 암기해 두어야 한다.

3 예시학습 방법

예시 는 요약된 강의 내용이 문제에 어떻게 적용되는지를 보여주는 것으로 반드시 강의를 활용하여 문제를 풀도록 해야 한다.

4 탐구학습 방법

탐구 는 어려운 문제를 한눈에 알아보고 쉽게 푸는 방법을 제시해 주는 것으로 탐구를 통해 문제를 볼 줄 아는 안목을 길러야 한다.

5 풀이학습 방법

풀이 는 가장 쉽고 간결하게 풀어놓았으니 풀이를 읽으면서 이해하거나 연습장에 쓰면서 따라 풀어보도록 한다.

6 유제학습 방법

1, 2단계로 구성하여 유제 1단계 문제는 예제와 비슷한 난이도로 출제하였고 유제 2단계는 난이도를 높여 한번 더 생각하며 풀 수 있도록 하였으니 학생 스스로 풀어보고 안 풀리는 문제는 선생님께 질문하여 해결하도록 한다.

어려운 수학 문제를 잘 풀 수 있는 방법은 잘 모르는 문제와 씨름하지 말고 자신이 잘 알고 있는 개념과 문제를 여러 번 반복 학습하는 것이다. 그렇게 하면 수학 실력이 향상되어 어려운 문제도 쉽게 풀 수 있는 능력이 생긴다는 것을 명심해야 한다.

이 책의 내용을 한 눈에

I 도형의 방정식

I.
도형의 방정식

PART
01

점과 직선

명언

당신의 행복은 무엇이 당신의 영혼을 노래하게 하는가에 따라 결정된다.

\- 낸시 설리번 -

1 삼각형의 내심과 외심

[1] 삼각형의 내심

→ 삼각형의 내접원의 중심을 **내심**이라 하고, 내심에서 세 변까지의 거리가 모두 같다.

→ 내심은 삼각형의 세 내각의 이등분선의 교점이다.

[2] 삼각형의 외심

→ 삼각형의 외접원의 중심을 **외심**이라 하고, 외심에서 세 꼭짓점까지의 거리가 모두 같다.

→ 외심은 삼각형의 세 변의 수직이등분선의 교점이다.

강의 삼각형의 내심은 각을 이등분, 외심은 변을 수직이등분한 것이다!

→ 삼각형의 세 변의 길이를 a, b, c라 하고 내접원의 반지름의 길이를 r, 외접원의 반지름의 길이를 R이라 할 때

(1) 내심(內心)

① 정의 – 세 내각의 이등분선의 교점

② 내심에서 세 변에 이르는 거리는 같다.

→ 내접원의 중심

③ 넓이 $S = pr\left(단, \ p = \dfrac{a+b+c}{2}\right)$

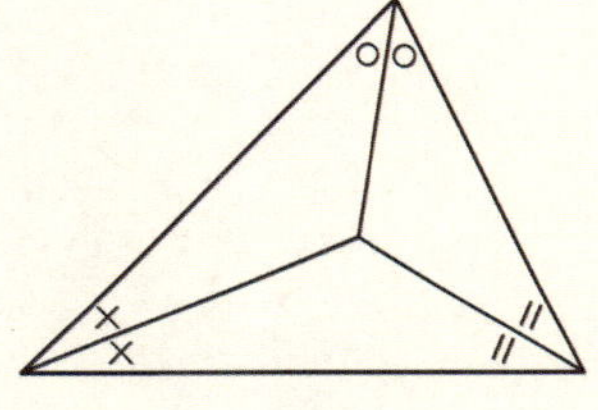

(2) 외심(外心)

① 정의 – 세 변의 수직이등분선의 교점

② 외심에서 세 꼭짓점까지의 거리는 같다.

→ 외접원의 중심

③ 외심의 위치

 ⅰ) 예각 △형 : 안에

 ⅱ) 직각 △형 : 빗변에

 ⅲ) 둔각 △형 : 밖에

④ 넓이 $S = \dfrac{abc}{4R}$

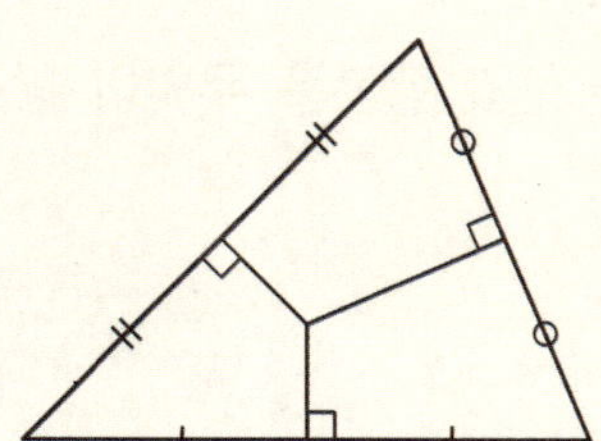

주의 무게중심과 내심, 외심이 일치하면 정삼각형이다.

內(안 내) 外(바깥 외) 心(마음 심)

기 | 본 | 예 | 제 01

$\triangle$ABC에서 $\overline{\text{AB}}=4\,\text{cm}$, $\overline{\text{BC}}=3\,\text{cm}$, $\overline{\text{AC}}=3\,\text{cm}$이다. $\triangle$ABC의 넓이가 $5\,\text{cm}^2$일 때, $\triangle$ABC의 내접원의 반지름의 길이를 구하시오.

탐구 $S=pr\left(\text{단, } p=\dfrac{a+b+c}{2}\right)$

풀이   세 변의 길이의 합은 $a+b+c=10$이므로
내접원의 반지름의 길이를 r이라 하고 넓이를 구하면

$$\triangle\text{ABC}=\frac{1}{2}r\times10=5 \qquad \therefore\ r=1\,\text{cm}$$

정답 $1\,\text{cm}$

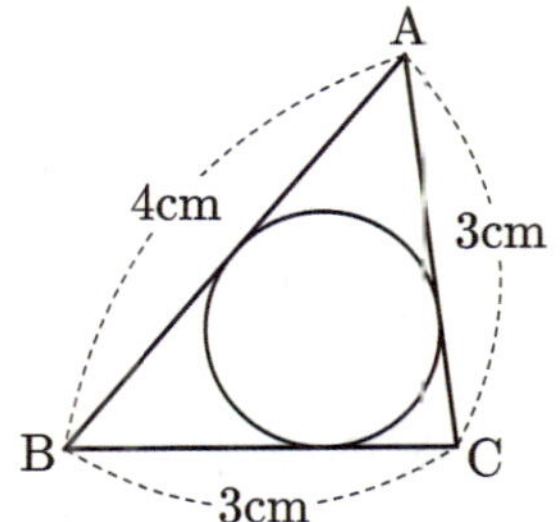

유제 01-1   오른쪽 그림에서 점 O는 $\triangle$ABC의 외심이고, $\overline{\text{BC}}=10\,\text{cm}$이다. $\triangle$OBC의 둘레의 길이가 $22\,\text{cm}$라 할 때, $\overline{\text{OA}}$의 길이를 구하시오.

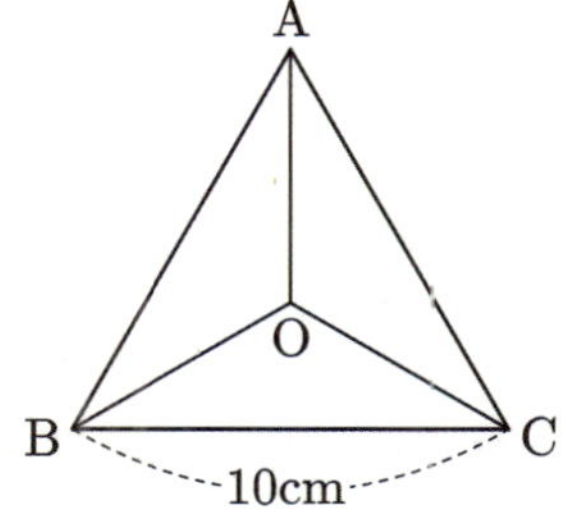

유제 01-2   오른쪽 그림과 같이 $\angle\text{C}=90\,^\circ$인 직각삼각형 ABC에서 $\overline{\text{BC}}=6\,\text{cm}$, $\overline{\text{CA}}=8\,\text{cm}$일 때, 외접원의 둘레의 길이를 구하시오.

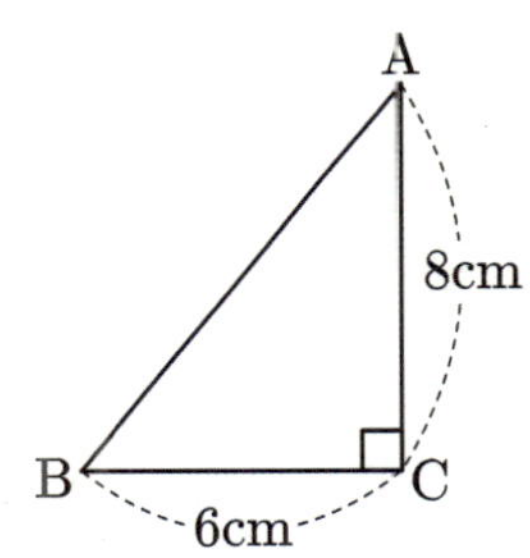

유제 01-3   오른쪽 그림에서 점 I는 $\triangle$ABC의 내심일 때, 내접원의 반지름의 길이를 구하시오.

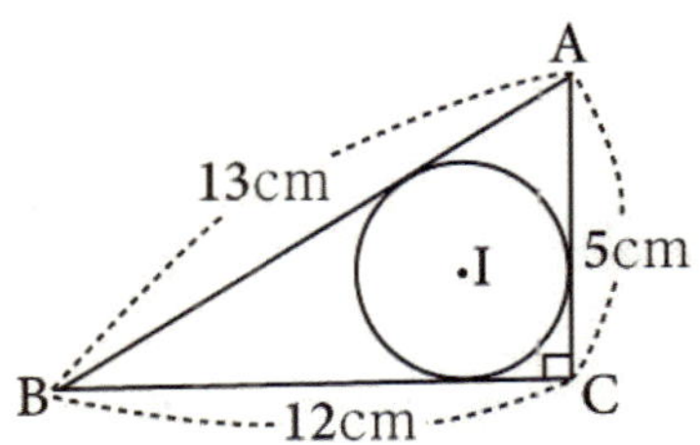

2 직선의 기울기

→ 직선의 기울기 $m = \dfrac{(y\text{의 값의 증가량})}{(x\text{의 값의 증가량})}$

$\quad = \dfrac{y_2 - y_1}{x_2 - x_1}$

$\quad = \tan\theta$

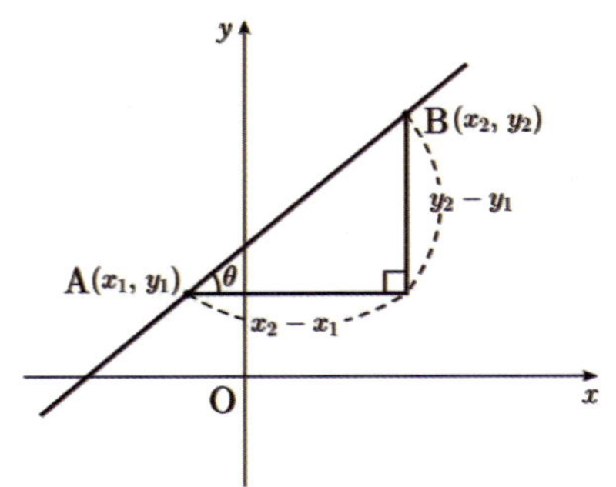

강의 기울기를 구하는 여러 가지 방법을 알아두어라!

→ 기울기 $m = \dfrac{\triangle y}{\triangle x}$ (길이를 알 때)

$\quad = \dfrac{y_2 - y_1}{x_2 - x_1}$ (두 점을 알 때)

$\quad = \tan\theta$ (양각을 알 때)

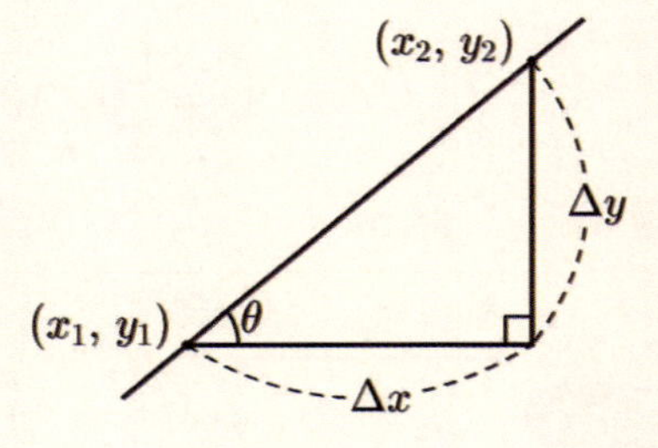

기|본|예|제 02

다음의 각 경우에 직선의 기울기 a를 구하시오.
(1) 길이를 알 때
(2) 두 점을 알 때
(3) 양각을 알 때

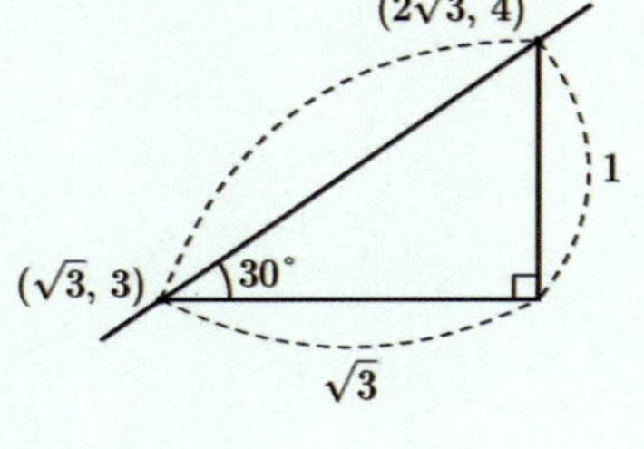

탐구 직선의 기울기는 여러 가지 방법으로 구할 수 있다.

풀이

(1) $a = \dfrac{\triangle y}{\triangle x} = \dfrac{1}{\sqrt{3}} = \dfrac{\sqrt{3}}{3}$

(2) $a = \dfrac{y_2 - y_1}{x_2 - x_1} = \dfrac{4-3}{2\sqrt{3}-\sqrt{3}} = \dfrac{1}{\sqrt{3}} = \dfrac{\sqrt{3}}{3}$

(3) $a = \tan\theta = \tan 30° = \dfrac{1}{\sqrt{3}} = \dfrac{\sqrt{3}}{3}$

정답 풀이참조

유제 02-1 직선이 x축의 양의 방향과 이루는 각이 $60°$일 때, 이 직선의 기울기를 구하시오.

유제 02-2 세 점 $A(a-5, 1)$, $B(-2, 4)$, $C(a, -2)$가 한 직선 위에 있도록 하는 a의 값을 구하시오.

01 평면좌표

1 두 점 사이의 거리

[1] 수직선 위의 두 점 $A(x_1)$, $B(x_2)$ 사이의 거리

➜ $\overline{AB} = |x_2 - x_1| = |x_1 - x_2|$

[2] 좌표평면 위의 두 점 $A(x_1, y_1)$, $B(x_2, y_2)$ 사이의 거리

➜ $\overline{AB} = \sqrt{(x_2 - x_1)^2 + (y_2 - y_1)^2} = \sqrt{(x_1 - x_2)^2 + (y_1 - y_2)^2}$

체크 특수한 경우의 두 점 사이의 거리

(1) 두 점 A, B 사이의 거리

➜ x축 평행인 경우이므로 ⇒ $\overline{AB} = 右 - 左 = b - a$

(2) 두 점 C, D 사이의 거리

➜ y축 평행인 경우이므로 ⇒ $\overline{CD} = 上 - 下 = c - d$

(3) 두 점 E, F 사이의 거리

➜ 일반적인 경우이므로 ⇒ $\overline{EF} = \sqrt{(x_2 - x_1)^2 + (y_2 - y_1)^2}$

(4) 두 점 O, G 사이의 거리

➜ O가 원점인 경우이므로 ⇒ $\overline{OG} = \sqrt{x_3^2 + y_3^2}$

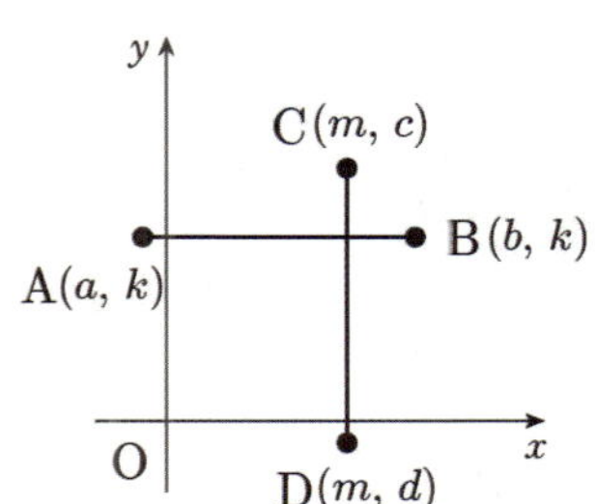

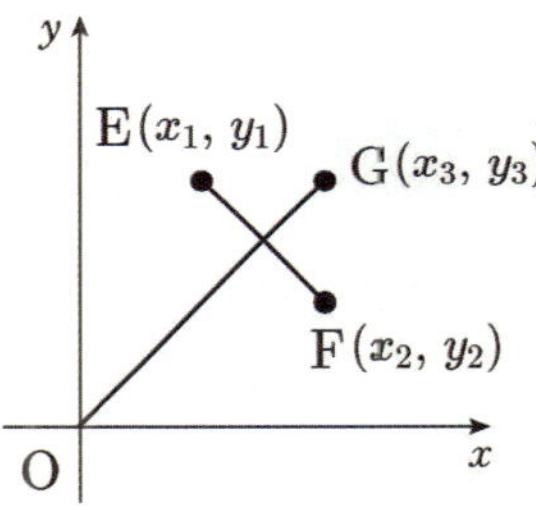

강의 두 점 사이의 거리는 공식을 이용하면 된다!

(1) 수직선상

① 대소경우 → $\overline{AB} = 大 - 小$

② 미지경우 → $\overline{AB} = |a - b|$

(2) 수평면상

① x축 평행 → $\overline{AB} = 右 - 左$

② y축 평행 → $\overline{AB} = 上 - 下$

③ 일반경우 → $\overline{AB} = \sqrt{(x_2 - x_1)^2 + (y_2 - y_1)^2}$

④ 원점경우 → $\overline{OA} = \sqrt{x_1^2 + y_1^2}$

大(클 대)　小(작을 소)　右(오른 우)　左(왼 좌)　上(윗 상)　下(아래 하)

두 점 $A(1, 2)$, $B(x+2, 5)$에 대하여 $\overline{AB} = \sqrt{13}$이 되게 하는 x의 값을 모두 구하시오.

탐구   두 점 (x_1, y_1), (x_2, y_2) 사이의 거리 $= \sqrt{(x_2 - x_1)^2 + (y_2 - y_1)^2}$

풀이 $\overline{AB} = \sqrt{(x+2-1)^2 + (5-2)^2} = \sqrt{(x+1)^2 + 9} = \sqrt{x^2 + 2x + 10}$

$\overline{AB} = \sqrt{13}$ 이므로

$$\sqrt{x^2 + 2x + 10} = \sqrt{13} \quad x^2 + 2x + 10 = 13$$

$$x^2 + 2x - 3 = 0 \quad (x+3)(x-1) = 0$$

$$\therefore x = -3 \ \text{또는} \ x = 1$$

정답 -3 또는 1

유제 01-1   다음을 구하시오.

(1) 두 점 $A(-3, 2)$, $B(5, 2)$ 사이의 거리

(2) 두 점 $C(-2, 2)$, $D(-2, -4)$ 사이의 거리

유제 01-2   세 점 $A(3, 4)$, $B(1, -1)$, $C(a, 1)$에 대하여 $\overline{AB} = \overline{BC}$가 성립할 때, a의 값을 모두 구하시오.

두 점 $A(-4, 5)$, $B(3, 2)$에서 같은 거리에 있는 x축 위의 점 P의 좌표를 구하시오.

탐구 x축 위의 점 $\rightarrow P(a, 0)$

풀이 $P(a, 0)$이라 놓으면

$$\overline{AP} = \sqrt{(a+4)^2 + 5^2}$$

$$\overline{BP} = \sqrt{(a-3)^2 + 2^2}$$

$\overline{AP} = \overline{BP}$ 에서 $\overline{AP}^2 = \overline{BP}^2$ 이므로

$$(a+4)^2 + 25 = (a-3)^2 + 4$$

$$\therefore a = -2$$

따라서 점 P의 좌표는 $(-2, 0)$이다.

정답 $(-2, 0)$

유제 02-1 두 점 $A(1, 5)$, $B(-1, 3)$에서 같은 거리에 있는 y축 위의 점 Q의 좌표를 구하시오.

유제 02-2 두 점 $A(0, -3)$, $B(-1, 4)$에서 같은 거리에 있는 $y=x$ 위의 점 R의 좌표를 구하시오.

기|본|예|제 03

두 점 $A(-1, 3)$, $B(5, 1)$에 대하여 $\overline{AP}^2+\overline{BP}^2$이 최소가 되게 하는 y축 위의 점 P의 좌표와 그 최솟값을 구하시오.

탐구 y축 위의 점 P는 $(0, b)$로 놓고 계산한다.

풀이 점 P의 좌표를 $(0, b)$라 놓고, $\overline{AP}^2+\overline{BP}^2$을 계산하면

$$\overline{AP}^2+\overline{BP}^2 = 1+(b-3)^2+25+(b-1)^2$$
$$= 2b^2-8b+36$$
$$= 2(b^2-4b+4)+28$$
$$= 2(b-2)^2+28$$

따라서 점 P의 좌표는 $(0, 2)$이고, 최솟값은 28이다.

정답 $P(0, 2)$, 최솟값 : 28

유제 03-1 두 점 $A(-4, 2)$, $B(0, -3)$에 대하여 $\overline{AQ}^2+\overline{BQ}^2$이 최소가 되게 하는 x축 위의 점 Q의 좌표와 그 최솟값을 구하시오.

유제 03-2 두 점 $A(6, 4)$, $B(5, -1)$에 대하여 $\overline{AR}^2+\overline{BR}^2$이 최소가 되게 하는 $y=x-1$ 위의 점 R의 좌표와 그 최솟값을 구하시오.

삼각형 ABC의 세 꼭짓점이 $A(1, 0)$, $B(0, 5)$, $C(5, 4)$일 때, 이 삼각형의 모양을 말하시오.

탐구 세 변의 길이를 구한 후 모양을 판단한다.

풀이 세 변의 길이를 각각 구하면

$$\overline{AB} = \sqrt{(0-1)^2 + (5-0)^2} = \sqrt{26}$$

$$\overline{BC} = \sqrt{(5-0)^2 + (4-5)^2} = \sqrt{26}$$

$$\overline{CA} = \sqrt{(1-5)^2 + (0-4)^2} = \sqrt{32} = 4\sqrt{2}$$

따라서 삼각형 ABC는 $\overline{AB} = \overline{BC}$ 인 이등변삼각형이다.

정답 $\overline{AB} = \overline{BC}$ 인 이등변삼각형

유제 04-1 세 점 $A(4, 3)$, $B(2, 5)$, $C(1, 2)$를 꼭짓점으로 하는 삼각형은 어떤 삼각형인지 말하시오.

유제 04-2 다음 세 점을 꼭짓점으로 하는 삼각형의 모양을 말하시오.

$$O(0, 0), \quad A(a, b), \quad B(a+b, b-a)$$

강의 $\overline{PA} + \overline{PB} + \overline{PC}$의 최소는 꺾인 그래프의 중앙값이다!

→ $|x-a| + |x-b| + |x-c|$의 최소

→ 꺾인 직선 → 중앙값에서 최소

기 | 본 | 예 | 제 **05**

$P(x)$, $A(-2)$, $B(2)$, $C(4)$일 때, $\overline{PA} + \overline{PB} + \overline{PC}$의 최솟값을 구하시오.

탐구 $|x-a| + |x-b| + |x-c|$의 최소 → 중앙값에서 최소

풀이 점 P의 좌표를 $P(x)$라 하면 $\overline{PA} + \overline{PB} + \overline{PC} = |x+2| + |x-2| + |x-4|$는 중앙값 $x=2$일 때, 최솟값을 가진다. $x=2$를 대입하여 최솟값을 구하면

$$|2+2| + |2-2| + |2-4| = 6$$

정답 6

유제 **05-1** 수직선 위의 세 점 $A(1)$, $B(2)$, $C(3)$가 있다. 이 직선 위에 점 P를 잡을 때, $\overline{PA}+\overline{PB}+\overline{PC}$가 최소가 되는 점 P의 좌표를 구하고 $\overline{PA}+\overline{PB}+\overline{PC}$의 최솟값을 구하시오.

유제 **05-2** $O(0)$, $A(1)$, $B(k)$일 때, 수직선 위의 점 P에 대하여 $\overline{PO}+\overline{PA}+\overline{PB}$의 최솟값이 4가 되게 하는 1보다 큰 k의 값을 구하시오.

강의 **$\overline{PA}+\overline{PB}+\overline{PC}+\overline{PD}$의 최소는 사각형의 대각선의 길이의 합이다!**

→ □ABCD의 두 대각선의 길이의 합

→ ① 두 대각선의 교점 → $P(x, y)$

② 최솟값 → $\overline{AC}+\overline{BD}$

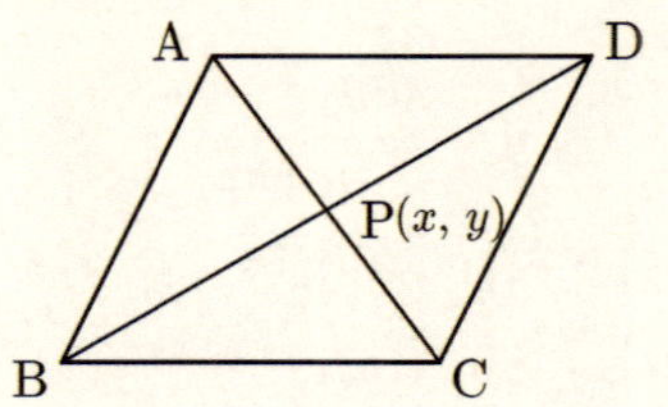

기|본|예|제 **06**

네 점 $A(-2, 3)$, $B(-1, 1)$, $C(2, 0)$, $D(3, 5)$일 때, 한 점 P에 대하여 $\overline{PA}+\overline{PB}+\overline{PC}+\overline{PD}$의 최솟값을 구하시오.

탐구 $\overline{PA}+\overline{PB}+\overline{PC}+\overline{PD}$의 최소 → □ABCD의 두 대각선의 길이의 합

풀이 $\overline{PA}+\overline{PB}+\overline{PC}+\overline{PD}$의 최솟값은 □ABCD의 두 대각선의 길이의 합과 같으므로

$$\overline{AC}+\overline{BD} = \sqrt{(2+2)^2+(0-3)^2} + \sqrt{(3+1)^2+(5-1)^2} = 5+4\sqrt{2}$$

정답 $5+4\sqrt{2}$

유제 **06-1** 네 점 $A(-3, 1)$, $B(2, 2)$, $C(2, -2)$, $D(-3, -1)$과 한 점 P에 대하여 $\overline{PA}+\overline{PB}+\overline{PC}+\overline{PD}$의 최솟값을 구하시오.

유제 **06-2** 네 점 $A(2, 5)$, $B(0, 4)$, $C(2, 0)$, $D(a, 2)$와 한 점 P에 대하여 $\overline{PA}+\overline{PB}+\overline{PC}+\overline{PD}$의 최솟값이 13이라 할 때, 양수 a의 값을 구하시오.

[1] 수직선 위의 내분점

→ 수직선 위의 두 점 $A(x_1)$, $B(x_2)$를 이은 선분 AB를
$m:n\,(m>0,\,n>0)$으로 내분하는 점 $P(x)$의 좌표는

→ $x = \dfrac{mx_2 + nx_1}{m+n}\left(\neq \dfrac{mx_1 + nx_2}{m+n}\right)$

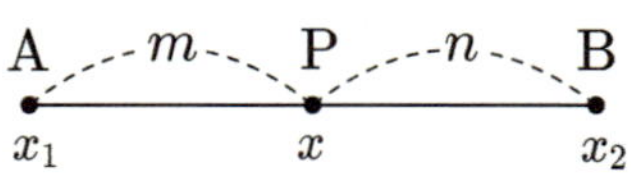

[2] 평면 위의 내분점

→ 좌표평면 위의 두 점 $A(x_1, y_1)$, $B(x_2, y_2)$를 이은 선분
AB를 $m:n\,(m>0,\,n>0)$으로 내분하는 점 $P(x, y)$의
좌표는

→ $x = \dfrac{mx_2 + nx_1}{m+n}$, $y = \dfrac{my_2 + ny_1}{m+n}$

특히 선분 AB의 중점의 좌표는

→ $x = \dfrac{x_1 + x_2}{2}$, $y = \dfrac{y_1 + y_2}{2}$

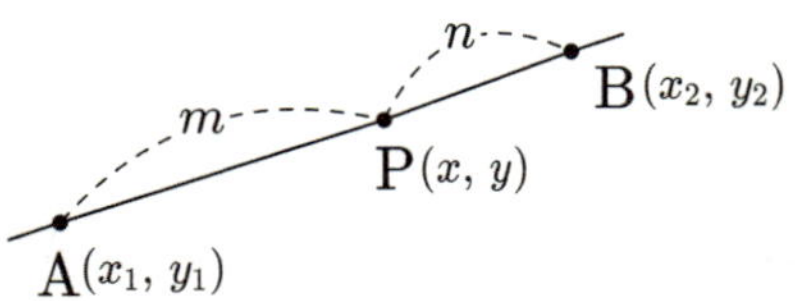

강의 선분 AB를 $m:n$으로 내분하는 점은 곱하는 대상을 정확하게 선정해야 한다!

① 그림

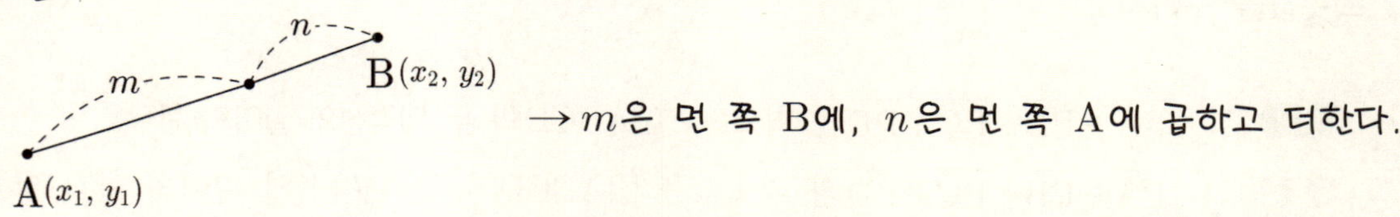

→ m은 먼 쪽 B에, n은 먼 쪽 A에 곱하고 더한다.

② 좌표

$A(x_1, y_1)$ $B(x_2, y_2)$ $m:n$ → m은 안쪽 B에, n은 바깥쪽 A에 곱하고 더한다.

→ 내분점 $\left(\dfrac{mx_2 + nx_1}{m+n},\ \dfrac{my_2 + ny_1}{m+n}\right)$

주의 외분점은 내분점에서 연결부호를 바꾸면 된다.

→ 외분점 $\left(\dfrac{mx_2 - nx_1}{m-n},\ \dfrac{my_2 - ny_1}{m-n}\right)$

두 점 $A(3, 5)$, $B(-1, -3)$에 대하여 선분 AB를 $3:1$로 내분하는 점 P와 선분 AB를 $1:3$으로 내분하는 점 Q의 좌표를 각각 구하시오.

탐구 $A(x_1, y_1)$, $B(x_2, y_2) \rightarrow m:n$ 내분점 $\left(\dfrac{mx_2 + nx_1}{m+n}, \dfrac{my_2 + ny_1}{m+n} \right)$

풀이   선분 AB를 $3:1$로 내분하는 점 P의 좌표는

$$\left(\frac{3 \times (-1) + 1 \times 3}{3+1}, \frac{3 \times (-3) + 1 \times 5}{3+1} \right) = (0, -1)$$

선분 AB를 $1:3$으로 내분하는 점 Q의 좌표는

$$\left(\frac{1 \times (-1) + 3 \times 3}{1+3}, \frac{1 \times (-3) + 3 \times 5}{1+3} \right) = (2, 3)$$

정답 $P(0, -1)$, $Q(2, 3)$

유제 07-1   두 점 $A(-4, 8)$, $B(6, -2)$를 이은 선분 AB를 $3:2$로 내분하는 점 $P(x, y)$의 좌표를 구하시오.

유제 07-2   두 점 $A(5, 2)$, $B(a, -1)$에 대하여 선분 AB를 $2:b$로 내분하는 점의 좌표가 $(1, 0)$일 때, $a+b$의 값을 구하시오.

두 점 $A(-2, 1)$, $B(2, -4)$를 이은 선분 AB를 $t:1-t$로 내분하는 점 P가 제 3 사분면에 있도록 하는 t의 범위를 구하시오.

탐구   내분점 (x, y)가 제 3 사분면의 점 $\rightarrow x < 0, y < 0$

풀이   선분 AB를 $t:1-t$로 내분하는 점 P의 좌표를 구하면

$$P(2t - 2(1-t), -4t + 1 - t) = P(4t - 2, 1 - 5t)$$

점 P가 제 3 사분면의 점이므로 $4t - 2 < 0$ $\therefore t < \dfrac{1}{2} \cdots ①$

$$1 - 5t < 0 \quad \therefore t > \dfrac{1}{5} \cdots ②$$

①, ②에 의해 $\dfrac{1}{5} < t < \dfrac{1}{2}$

정답 $\dfrac{1}{5} < t < \dfrac{1}{2}$

 두 점 $A(-2, 3)$, $B(2, 2)$를 이은 선분 AB를 $m : 1-m$으로 내분하는 점 P가 제 2 사분면에 있도록 하는 m의 범위를 구하시오.

 두 점 $A(1, -4)$, $B(3, 9)$를 이은 선분 AB를 $1 : k$로 내분하는 점 P가 제 1 사분면에 있도록 하는 양의 정수 k에 대하여 점 P의 좌표를 구하시오. (단, $k \neq 1$)

기│본│예│제 09

두 점 $A(-1, 5)$, $B(1, 3)$을 이은 선분 AB를 연장한 직선 위의 점 C에 대하여 $3\overline{AB} = \overline{BC}$일 때, 점 C의 좌표를 구하시오. (단, 점 C의 x좌표는 양수이다.)

탐구 $3\overline{AB} = \overline{BC}$이므로 $\overline{AB} : \overline{BC} = 1 : 3$이고 점 B는 $\overline{AC}$를 $1 : 3$으로 내분하는 점이다.

풀이 $3\overline{AB} = \overline{BC}$를 비례식으로 나타내면

$$\overline{AB} : \overline{BC} = 1 : 3$$

점 C의 x좌표가 양수이므로 세 점 A, B, C의 위치를 나타내면 다음 그림과 같다.

A$(-1, 5)$ B$(1, 3)$ C

따라서 점 B가 선분 AC를 $1 : 3$으로 내분하는 점이다.

점 C의 좌표를 (x, y)라 하면

$$\frac{1 \times x + 3 \times (-1)}{1 + 3} = 1, \quad \frac{1 \times y + 3 \times 5}{1 + 3} = 3$$

$$\therefore x = 7, \ y = -3$$

$$\therefore C(7, -3)$$

정답 $C(7, -3)$

 두 점 $A(1, 4)$, $B(2, -1)$을 이은 선분 AB를 연장한 직선 위의 점 C에 대하여 $2\overline{AB} = \overline{BC}$일 때, 점 C의 좌표를 구하시오. (단, 점 C의 x좌표는 양수이다.)

 두 점 $A(4, -3)$, $B(0, 3)$을 이은 선분 AB를 연장한 직선 위의 점 C에 대하여 $\overline{AC} = 3\overline{BC}$일 때, 점 C의 좌표를 구하시오. (단, 점 C의 x좌표는 음수이다.)

 사각형의 성질을 이용하여 식을 세운다!

(1) 평행사변형

　① 대변 → 同

　② 대각선 → 서로 이등분 → 중점일치

(2) 마름모

　① 네 변 → 同

　② 대각선 → 서로 수직이등분　　ⅰ) 중점일치 ⅱ) 직교조건

同(같을 동)

기|본|예|제 **10**

네 점 $A(a, 1)$, $B(3, 5)$, $C(7, 3)$, $D(b, -1)$을 꼭짓점으로 하는 사각형 $ABCD$가 마름모가 될 때, a, b의 값을 구하시오.

탐구　마름모는 네 변의 길이가 같고 대각선은 서로 수직이등분하므로 마주보는 두 점을 잇는 선분의 중점의 좌표가 일치함을 이용한다.

풀이　$\overline{AB} = \overline{BC}$이므로 $\overline{AB}^2 = \overline{BC}^2$

$$(3-a)^2 + (5-1)^2 = (7-3)^2 + (3-5)^2$$

$$a^2 - 6a + 5 = 0$$

$$\therefore a = 1 \text{ 또는 } a = 5 \cdots ①$$

$\overline{AC}$의 중점과 $\overline{BD}$의 중점의 좌표가 일치하므로

$$\left(\frac{a+7}{2}, \frac{1+3}{2}\right) = \left(\frac{3+b}{2}, \frac{5-1}{2}\right)$$

$$a + 7 = 3 + b \quad \therefore b = a + 4 \cdots ②$$

① → ② ; $a = 1$이면 $b = 5$, $a = 5$이면 $b = 9$

정답　$a = 1, b = 5$ 또는 $a = 5, b = 9$

유제 10-1　네 점 $A(a, 4)$, $B(5, b)$, $C(2, 1)$, $D(-2, 2)$를 꼭짓점으로 하는 평행사변형 $ABCD$에서 $a + b$의 값을 구하시오.

유제 10-2　네 점 $A(a, 8)$, $B(b, 3)$, $C(7, 2)$, $D(6, 7)$을 꼭짓점으로 하는 마름모 $ABCD$에서 a, b의 값을 구하시오.

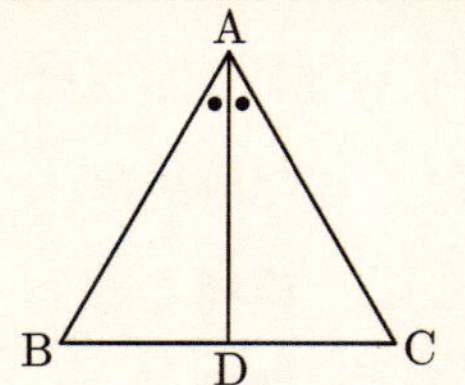

기 | 본 | 예 | 제 11

오른쪽 그림과 같이 세 점 $A(2, 4)$, $B(-1, 0)$, $C(8, -4)$를 꼭짓점으로 하는 삼각형 ABC의 각 A의 이등분선이 $\overline{BC}$와 만나는 점을 D라 할 때, 점 D의 좌표를 구하시오.

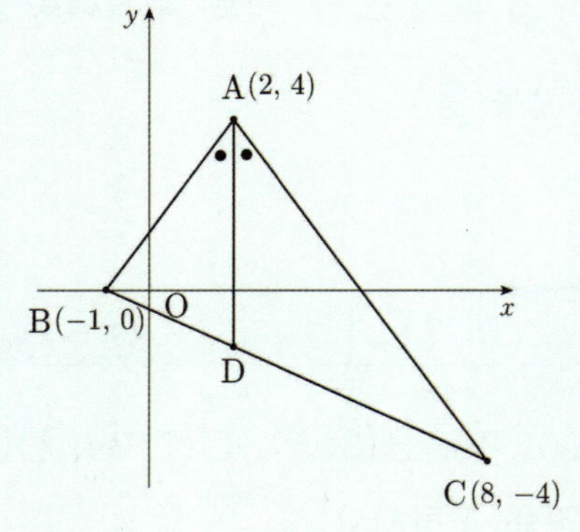

탐구 ∠A의 이등분선과 $\overline{BC}$의 교점 D → $\overline{AB} : \overline{AC} = \overline{BD} : \overline{CD}$

풀이 $\overline{AB} = \sqrt{(-1-2)^2 + (0-4)^2} = 5$, $\overline{AC} = \sqrt{(8-2)^2 + (-4-4)^2} = 10$

$\overline{AD}$가 각 A의 이등분선이므로

$$\overline{AB} : \overline{AC} = 1 : 2 = \overline{BD} : \overline{CD}$$

따라서 점 D는 $\overline{BC}$를 $1 : 2$로 내분하는 점이다.

$$\therefore D\left(2, -\frac{4}{3}\right)$$

정답 $D\left(2, -\frac{4}{3}\right)$

유제 11-1 세 점 $A(0, 4)$, $B(-3, 0)$, $C(4, 1)$을 꼭짓점으로 하는 삼각형 ABC의 각 A의 이등분선이 $\overline{BC}$와 만나는 점을 D라 할 때, 점 D의 좌표를 구하시오.

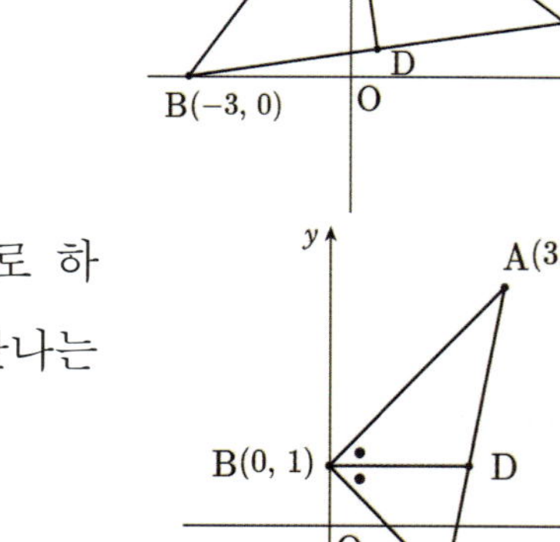

유제 11-2 세 점 $A(3, 4)$, $B(0, 1)$, $C(2, -1)$을 꼭짓점으로 하는 삼각형 ABC의 각 B의 이등분선이 $\overline{AC}$와 만나는 점을 D라 할 때, $\overline{BD}$의 길이를 구하시오.

→ 세 점 $A(x_1, y_1)$, $B(x_2, y_2)$, $C(x_3, y_3)$을 꼭짓점으로 하는 삼각형의 무게중심 G의 좌표는

$$\rightarrow G\left(\frac{x_1+x_2+x_3}{3}, \frac{y_1+y_2+y_3}{3}\right)$$

강의 **삼각형의 무게중심은 중선 $\overline{AM}$을 $2:1$로 내분하는 점이다.**

① 정의: 세 중선의 교점

② 공식: $G\left(\dfrac{x_1+x_2+x_3}{3}, \dfrac{y_1+y_2+y_3}{3}\right)$

③ 성질: $\overline{AM}$의 $2:1$내분점

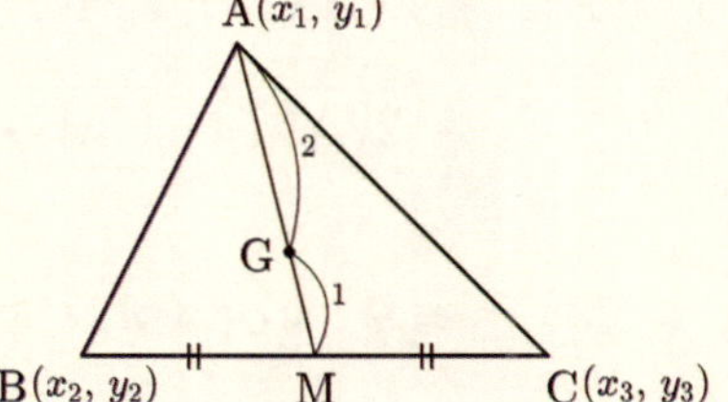

기│본│예│제 **12**

$\triangle OAB$의 세 꼭짓점이 $O(0, 0)$, $A(2, -1)$, $B(4, 4)$이고 $\triangle OAB$ 내부의 점 P에 대하여 $\triangle POA = \triangle PAB = \triangle PBO$를 만족할 때, 점 P의 좌표를 구하시오.

탐구 $\triangle OAB$에서 $\triangle POA = \triangle PAB = \triangle PBO$이면 점 P는 $\triangle OAB$의 무게중심이다.

풀이 $\triangle POA = \triangle PAB = \triangle PBO$이면 점 P는 무게중심이므로 점 P의 좌표를 구하면

$$P\left(\frac{0+2+4}{3}, \frac{0-1+4}{3}\right) = P(2, 1)$$

정답 $P(2, 1)$

유제 12-1 세 꼭짓점이 $A(a, 8)$, $B(b, a)$, $C(5, b)$인 삼각형 ABC의 무게중심이 $G(a, 3)$일 때, a, b의 값을 구하시오.

유제 12-2 평면 위에서 질량이 같은 점들을 한 점을 중심으로 가장 쉽게 회전시키려면 각 점으로부터 회전중심까지의 거리의 제곱의 합이 가장 작아야 한다. 평면 위의 점 $O(0, 0)$, $A(2, 0)$, $B(2, 1)$에 각각 질량이 같은 점이 놓여 있을 때, 이들 세 점을 가장 쉽게 회전시키는 회전중심 P의 좌표를 구하시오.

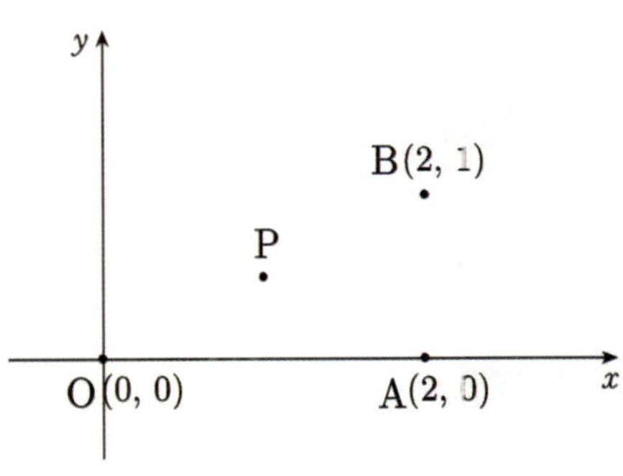

 ## 파푸스의 중선정리

→ $\triangle ABC$의 변 BC의 중점을 M이라 할 때, 중선 AM에 대하여 다음과 같은 파푸스의 중선정리가 성립한다.

$$\rightarrow \overline{AB}^2 + \overline{AC}^2 = 2\left(\overline{AM}^2 + \overline{BM}^2\right) = 2\left(\overline{AM}^2 + \overline{CM}^2\right)$$

강의 Pappus의 중선정리는 도형을 짚어가면서 기억해두어야 한다.

$$\rightarrow \overline{AB}^2 + \overline{AC}^2 = 2\left(\overline{AM}^2 + \overline{BM}^2\right)$$
$$= 2\left(\overline{AM}^2 + \overline{CM}^2\right)$$

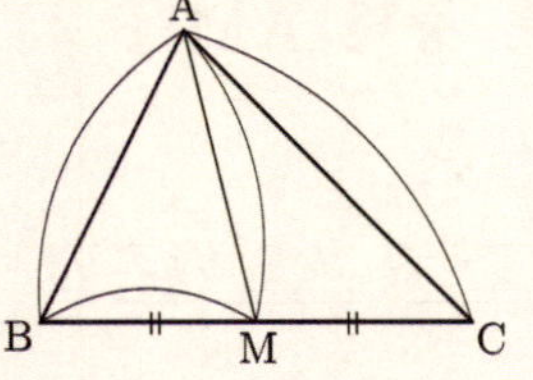

주의 도형은 그림을 짚어가면서 공식을 익혀야 한다.

① 삼각형에서

$$\rightarrow \overline{AB}^2 + \overline{AC}^2 = 2\left(\overline{AM}^2 + \overline{BM}^2\right)$$

② 평행사변형에서

$$\rightarrow \overline{AB}^2 + \overline{AD}^2 = 2\left(\overline{AM}^2 + \overline{BM}^2\right)$$

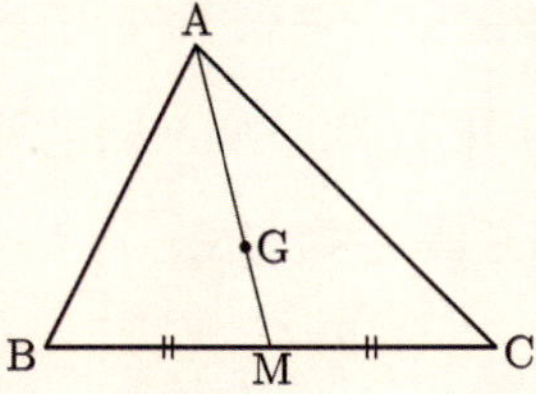

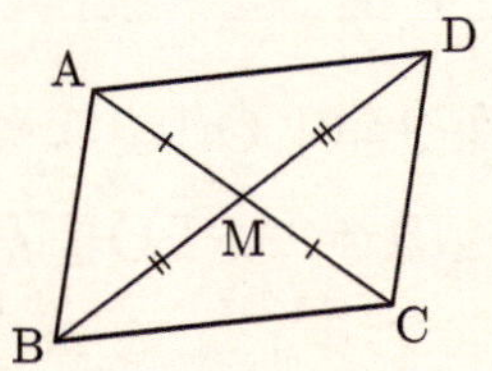

기│본│예│제 13

평행사변형 ABCD에서 $\overline{AB}=4$, $\overline{BC}=6$, $\overline{AC}=8$일 때, $\overline{BD}$의 길이를 구하시오.

탐구 $\triangle ABC$의 변 AC의 중점을 M이라 할 때

$$\overline{BA}^2 + \overline{BC}^2 = 2\left(\overline{BM}^2 + \overline{AM}^2\right) = 2\left(\overline{BM}^2 + \overline{CM}^2\right)$$

풀이
$$\overline{BA}^2 + \overline{BC}^2 = 2\left(\overline{BM}^2 + \overline{AM}^2\right)$$
$$4^2 + 6^2 = 2\left(\overline{BM}^2 + 4^2\right) \qquad \overline{BM}^2 = 10 \qquad \therefore \overline{BM} = \sqrt{10}$$
$$\therefore \overline{BD} = 2\overline{BM} = 2\sqrt{10}$$

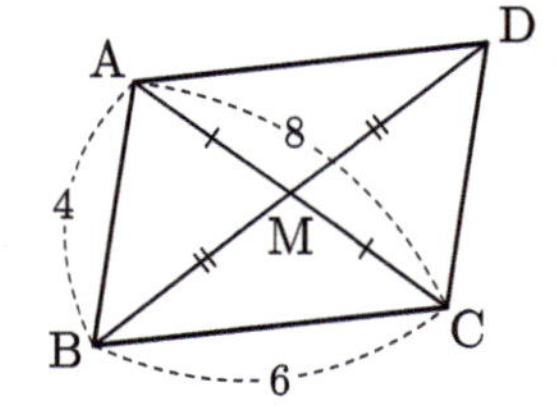

정답 $2\sqrt{10}$

유제 13-1 $\triangle ABC$에서 $\overline{AB}=4$, $\overline{AC}=5$이고 $\overline{BC}$의 중점 D에 대하여 $\overline{AD}=3$이라 할 때, $\overline{BC}$의 길이를 구하시오.

유제 13-2 $\triangle ABC$의 무게중심을 G라 하면 $\overline{AB}=6$, $\overline{BC}=8$, $\overline{AG}=2\sqrt{2}$라 할 때, 변 $\overline{AC}$의 길이를 구하시오.

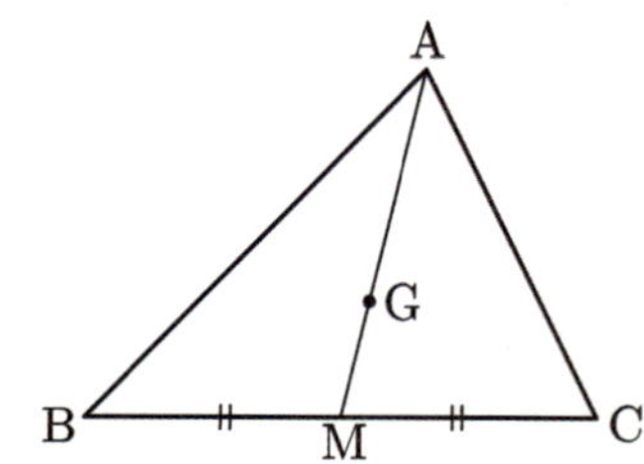

→ 일정한 조건을 만족하는 점들의 방정식 $f(x, y) = 0$을 **자취의 방정식**이라 한다.

첫째, 주어진 조건을 이용하기 좋도록 좌표축을 설정한다.

둘째, 주어진 조건에 맞는 임의의 점을 $P(x, y)$로 놓는다.

셋째, 주어진 조건을 이용하여 x와 y의 관계식을 구한다.

넷째, 주어진 조건에 변역이 있으면 찾아서 표시해 준다.

체크 좌표축의 설정 방법

① 주어진 도형의 대칭 관계를 이용한다.

② 주어진 도형의 가장 중요한 직선을 좌표축으로 설정한다.

③ 주어진 도형의 가장 중요한 점을 원점으로 설정한다.

    ※ 좌표축이 정해져 있을 때는 새로 좌표축을 설정하지 않는다.

보기 ① 정점 $C(a, b)$에서 일정한 거리에 있는 점 $P(x, y)$의 자취

→ 관계식 $\overline{PC} = r \rightarrow$ 원

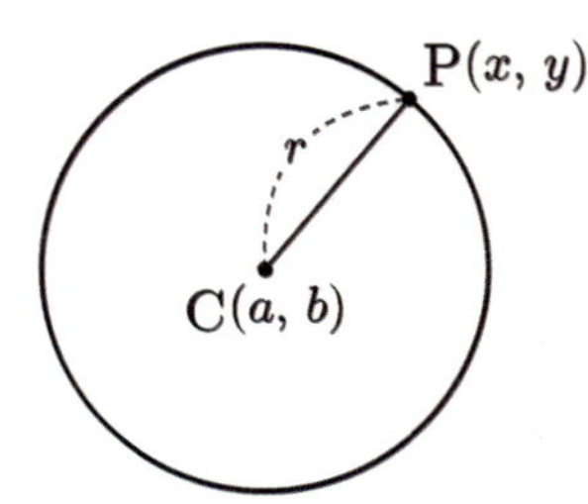

② 두 점 $A(a, b)$, $B(c, d)$로부터 같은 거리에 있는 점 $P(x, y)$의 자취

→ 중점을 지나고 선분 $\overline{AB}$와 수직인 직선

→ 관계식 $y - y_1 = m(x - x_1)$

강의 일반적인 점의 자취는 아래 4단계를 꼭 기억해두어야 한다.

→ 일반적인 점 → 명칭 無 → 구점불능

① 좌표축 설정 $\begin{bmatrix} 확정 \rightarrow 필요 \times \\ 미정 \rightarrow 필요 \bigcirc \end{bmatrix}$

② 점 $P(x, y)$

③ 관계식 유도 $(=)$

④ 변역 표시 $\begin{bmatrix} 제한조건 \; 有 \rightarrow 변역 \; 有 \\ 제한조건 \; 無 \rightarrow 변역 \; 無 \end{bmatrix}$

有(있을 유)   無(없을 무)

두 정점 A, B의 거리가 10일 때, $\overline{PA}^2 - \overline{PB}^2 = 20$인 점 P의 자취를 구하시오.

탐구 좌표축이 주어져 있지 않을 때에는 주어진 조건을 이용하기 좋도록 좌표축을 설정한다.

풀이 $\overline{AB} = 10$이 되도록 A$(0, 0)$, B$(10, 0)$으로 놓는다.

$P(x, y)$에 대하여

$$\overline{PA}^2 - \overline{PB}^2 = x^2 + y^2 - \{(x-10)^2 + y^2\} = 20x - 100 = 20$$

$$\therefore x = 6$$

x, y에 대한 제한 조건이 없으므로 변역을 표시할 필요가 없다.

점 P의 자취는 점 A에서 점 B쪽으로 거리가 6인 점을 지나고 $\overline{AB}$에 수직인 직선이다.

정답 점 A에서 점 B쪽으로 거리가 6인 점을 지나고 $\overline{AB}$에 수직인 직선

유제 14-1 두 정점 P, Q의 거리가 6일 때, $\overline{PT}^2 - \overline{QT}^2 = 24$인 점 T의 자취를 구하시오.

유제 14-2 두 정점 X, Y의 거리가 5일 때, $\overline{PX}^2 - \overline{PY}^2 = 15$인 점 P의 자취를 구하시오.

두 점 P$(3, 4)$, Q$(-1, 5)$에 대하여 $\overline{PR}^2 - \overline{QR}^2 = 4$인 점 R의 자취를 구하시오.

탐구 $R(x, y)$ 설정 $\rightarrow$ 조건을 이용하여 관계식을 구한다.

풀이 $R(x, y)$로 놓고 주어진 관계식을 구하면

$$\overline{PR}^2 - \overline{QR}^2 = (x-3)^2 + (y-4)^2 - (x+1)^2 - (y-5)^2 = 4$$

$$-8x + 2y = 5$$

$$\therefore 8x - 2y + 5 = 0$$

정답 $8x - 2y + 5 = 0$

유제 15-1 두 점 A$(2, 0)$, B$(0, 2)$에서의 거리의 제곱의 차가 12인 점의 자취를 구하시오.

유제 15-2 두 점 A$(1, -2)$, B$(a, 0)$으로부터 같은 거리에 있는 점의 자취의 방정식이 $x + y - 1 = 0$일 때, a의 값을 구하시오.

6 특정한 점의 자취를 구하는 방법

[1] 매개변수가 1개인 경우

첫째, 조건에 맞는 점 $(f(t), g(t))$를 구한다.
둘째, $x = f(t), y = g(t)$라 놓는다.
셋째, t를 소거하여 자취를 구한다.
넷째, 매개변수에 변역이 있으면 찾아서 표시해 준다.

[2] 매개변수가 2개인 경우

첫째, 조건에 맞는 점 $(f(a), g(b))$를 구한다.
둘째, $x = f(a), y = g(b)$라 놓는다.
셋째, a, b를 소거하여 주어진 식에 대입한다.
넷째, 매개변수에 변역이 있으면 찾아서 표시해 준다.

강의 **특정한 점의 자취는 다음 4단계를 꼭 기억해두어야 한다.**

→ 특정한 점 → 명칭 有 → 구점가능

① 구점 → 특정한 점을 구한다.

② 소속 → 좌표의 소속을 찾는다.

③ 관계 → 관계식을 유도한다.

④ 변역 → 변역을 찾아본다.

주의 관계식 유도 방법 ⎡ 매개변수 同 → 자체소거
⎣ 매개변수 異 → 외부대입

有(있을 유)   同(같을 동)   異(다를 이)

기|본|예|제 16

포물선 $y = (x-a)^2 - a^2$의 꼭짓점의 자취를 구하시오.

탐구 특정한 점의 자취는 명칭이 있고, 구점이 가능하다.

풀이 구점 : 꼭짓점 $(a, -a^2)$

소속 : $x = a, y = -a^2$ → 매개변수 同

관계 : $x = a \rightarrow y = -a^2$ $\therefore y = -x^2$

변역 : 제한조건 無 → 변역 無

정답 $y = -x^2$

유제 16-1 포물선 $y=2x^2+4ax+a-3$의 꼭짓점의 자취를 구하시오.

유제 16-2 t가 실수일 때, 점 $(t^2+4, 2t^2)$의 자취의 방정식을 구하시오.

기 | 본 | 예 | 제 **17**

정점 $A(3, 2)$와 직선 $3x-4y-11=0$ 위의 점을 잇는 선분의 중점의 자취의 방정식을 구하시오.

탐구 직선 위의 임의의 점을 $P(a, b)$로 놓고 중점을 구한다.

풀이 직선 $3x-4y-11=0$ 위의 한 점을 $P(a, b)$라 놓으면

$$3a-4b-11=0 \cdots ①$$

$\overline{AP}$의 중점은 $\left(\dfrac{3+a}{2}, \dfrac{2+b}{2}\right)$이므로 중점의 좌표를 (X, Y)로 놓으면

$$X=\frac{3+a}{2}, \quad Y=\frac{2+b}{2} \text{에서}$$

$$a=2X-3, \quad b=2Y-2 \cdots ②$$

②를 ①에 대입하여 정리하면

$$3(2X-3)-4(2Y-2)-11=0$$
$$6X-9-8Y+8-11=0$$
$$6X-8Y-12=0$$
$$\therefore 3x-4y-6=0$$

정답 $3x-4y-6=0$

유제 17-1 정점 $A(2, 3)$과 직선 $3x-5y-2=0$ 위의 점을 연결한 선분의 중점의 자취를 구하시오.

유제 17-2 $2a+b=3$일 때, $y=-(x-2a)^2+4a^2+b$의 꼭짓점의 자취를 구하시오.

02 직선의 방정식

1 직선의 방정식

[1] 축에 평행한 직선의 방정식

(1) x절편 a, y축에 평행한 직선의 방정식 ➡ $x=a$

특히, y축의 방정식 ➡ $x=0$

(2) y절편 b, x축에 평행한 직선의 방정식 ➡ $y=b$

특히, x축의 방정식 ➡ $y=0$

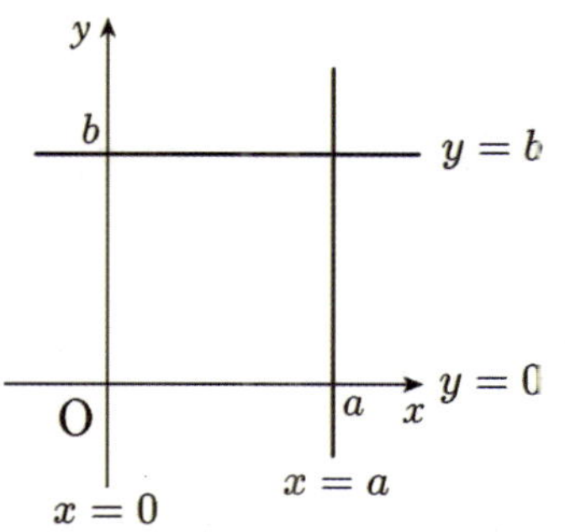

[2] 직선의 방정식

(1) 기울기가 a이고, y절편이 b인 직선의 방정식은

➡ $y=ax+b$

(2) 기울기가 m이고, 점 $(x_1,\ y_1)$을 지나는 직선의 방정식은

➡ $y-y_1=m(x-x_1)$

(3) 두 점 $(x_1,\ y_1),\ (x_2,\ y_2)$를 지나는 직선의 방정식은

① $x_1\neq x_2$일 때 ➡ $y-y_1=\dfrac{y_2-y_1}{x_2-x_1}(x-x_1)$

② $x_1=x_2$일 때 ➡ $x=x_1$

(4) x절편이 a이고, y절편이 b인 직선의 방정식은

➡ $\dfrac{x}{a}+\dfrac{y}{b}=1$

체크 좌표축의 방정식

    ① x축의 방정식 ➡ $y=0$ ② y축의 방정식 ➡ $x=0$

강의 직선의 방정식(Ⅰ)은 x절편, y절편이 주어진 경우이다!

① 기울기 a, x절편 b ➡ $y=a(x-b)$

② 기울기 a, y절편 b ➡ $(y-b)=ax$

③ x절편 a, y절편 b ➡ $\dfrac{x}{a}+\dfrac{y}{b}=1$

다음과 같은 직선의 방정식을 구하시오.
(1) 기울기 2, x절편 -1인 직선
(2) 기울기 -1, y절편 3인 직선
(3) x절편 2, y절편 4인 직선

탐구

① 기울기 a, x절편 b인 직선 $\rightarrow y=a(x-b)$

② 기울기 a, y절편 b인 직선 $\rightarrow y-b=ax$

③ x절편 a, y절편 b인 직선 $\rightarrow \dfrac{x}{a}+\dfrac{y}{b}=1$

풀이

(1) 기울기 2, x절편 -1인 직선의 방정식은
$$y=2(x+1) \qquad \therefore y=2x+2$$
(2) 기울기 -1, y절편 3인 직선의 방정식은
$$y-3=-x \qquad \therefore y=-x+3$$
(3) x절편 2, y절편 4인 직선의 방정식은
$$\dfrac{x}{2}+\dfrac{y}{4}=1 \qquad \therefore 2x+y=4$$

정답 (1) $y=2x+2$ (2) $y=-x+3$ (3) $2x+y=4$

유제 18-1 다음과 같은 직선의 방정식을 구하시오.
(1) 기울기 3, x절편 2인 직선
(2) 기울기 -2, y절편 1인 직선
(3) x절편 6, y절편 -4인 직선

유제 18-2 기울기 1, x절편 1인 직선과 기울기 -1, y절편 -1인 직선의 교점의 좌표를 구하시오.

유제 18-3 x절편 1, y절편 2인 직선과 기울기가 같고 y절편이 -1인 직선의 x절편을 구하시오.

직선의 방정식(Ⅱ)는 한 점, 두 점이 주어진 경우이다!

① 한 점형 $\rightarrow y - y_1 = a(x - x_1)$

② 두 점형 $\rightarrow y - y_1 = \dfrac{y_2 - y_1}{x_2 - x_1}(x - x_1)$

기 | 본 | 예 | 제 **19**

다음과 같은 직선의 방정식을 구하시오.

(1) 한 점 $(2, -1)$을 지나고 기울기가 2인 직선

(2) 두 점 $(5, 2)$, $(1, -2)$를 지나는 직선

탐구

① 한 점형 $\rightarrow y - y_1 = a(x - x_1)$

② 두 점형 $\rightarrow y - y_1 = \dfrac{y_2 - y_1}{x_2 - x_1}(x - x_1)$

풀이

(1) 한 점 $(2, -1)$을 지나고 기울기가 2인 직선의 방정식은

$$y - (-1) = 2(x - 2) \qquad \therefore y = 2x - 5$$

(2) 두 점 $(5, 2)$, $(1, -2)$를 지나는 직선의 방정식은

$$y - 2 = \dfrac{-2 - 2}{1 - 5}(x - 5) \qquad \therefore y = x - 3$$

정답 (1) $y = 2x - 5$ (2) $y = x - 3$

유제 19-1 기울기가 2이고, 한 점 $(-3, 2)$를 지나는 직선의 방정식을 구하시오.

유제 19-2 두 점 $A(1, 8)$, $B(-3, 2)$의 중점을 지나며 x축의 양의 방향과 $45°$의 각을 이루는 직선의 방정식을 구하시오.

→ $ax+by+c+k(a'x+b'y+c')=0$ (k는 임의의 실수)
  → k의 값에 관계없이 항상 $ax+by+c=0$과 $a'x+b'y+c'=0$의 교점을 지난다.

강의 두 직선의 교점 방정식은 교점과 한 점이 주어질 때 이용한다!

→ (직선 ①)$+k$(직선 ②)$=0$
  → $ax+by+c+k(a'x+b'y+c')=0$

주의
- 교점 + 한점 有 → 교점 방정식 이용
- 교점 + 한점 無 → 연립 방정식 이용

有(있을 유) 無(없을 무)

체크 정점을 구하는 방법

정점식 → 계수의 항등식 → 정점 탄생

기│본│예│제 20

두 직선 $y=2x+3$, $y=-x+2$의 교점과 한 점 $(1,\ 2)$를 지나는 직선을 구하시오.

탐구 두 직선 $ax+by+c=0$, $a'x+b'y+c'=0$의 교점을 지나는 직선의 방정식
→ $ax+by+c+k(a'x+b'y+c')=0$ (k는 임의의 실수)

풀이
$$\begin{cases} y=2x+3 \ \to\ 2x-y+3=0 \\ y=-x+2 \ \to\ x+y-2=0 \end{cases}$$
교점의 방정식 $(2x-y+3)+k(x+y-2)=0$ ··· ①
$(1,\ 2) \to$ ① ; $(2-2+3)+k(1+2-2)=0$　　∴ $k=-3$
$k=-3 \to$ ① ; $-x-4y+9=0$
∴ $x+4y-9=0$

정답 $x+4y-9=0$

유제 20-1 두 직선 $3x+2y=-1$, $2x-y=-10$의 교점을 지나며, 또 원점을 지나는 직선의 방정식을 구하시오.

유제 20-2 방정식 $5x^2-10xy-2x+4y=0$은 두 직선을 나타낸다. 이 두 직선의 교점을 지나는 직선 중에서 기울기가 -2인 직선을 구하시오.

(1) 교차　　　　　(2) 평행　　　　　(3) 일치　　　　　(4) 직교

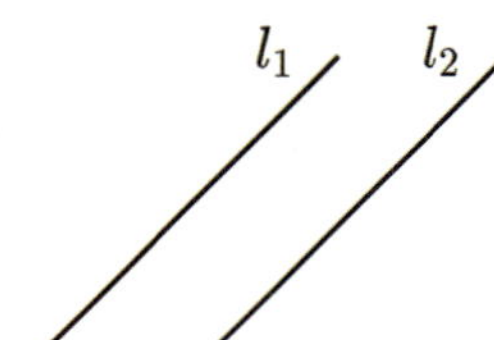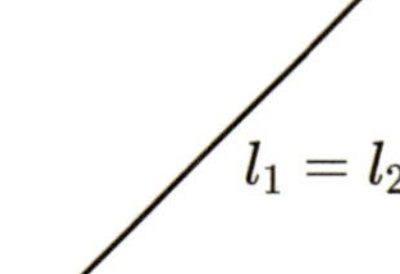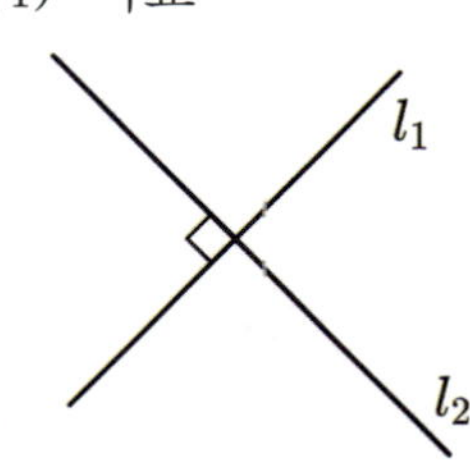

[1] $\begin{cases} y = ax + b \\ y = a'x + b' \end{cases}$ 의 위치 관계

(1) 교차(실근) $\Leftrightarrow a \neq a'$

(2) 평행(불능) $\Leftrightarrow a = a',\ b \neq b'$

(3) 일치(부정) $\Leftrightarrow a = a',\ b = b'$

(4) 직교(실근) $\Leftrightarrow aa' = -1$

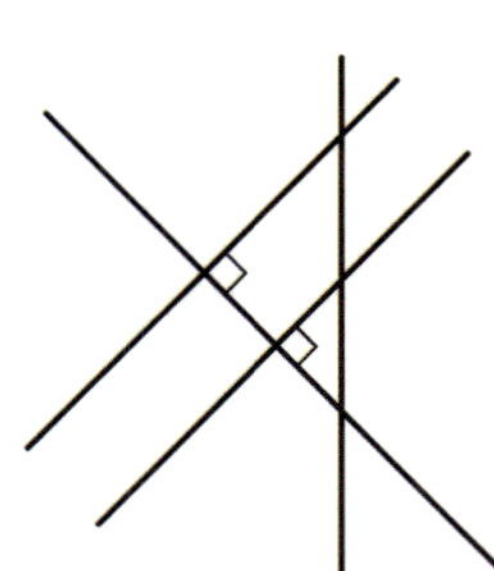

[2] $\begin{cases} ax + by + c = 0 \\ a'x + b'y + c' = 0 \end{cases}$ 의 위치 관계

(1) 교차(실근) $\Leftrightarrow \dfrac{a}{a'} \neq \dfrac{b}{b'}$

(2) 평행(불능) $\Leftrightarrow \dfrac{a}{a'} = \dfrac{b}{b'} \neq \dfrac{c}{c'}$

(3) 일치(부정) $\Leftrightarrow \dfrac{a}{a'} = \dfrac{b}{b'} = \dfrac{c}{c'}$

(4) 직교(실근) $\Leftrightarrow aa' = -bb'$

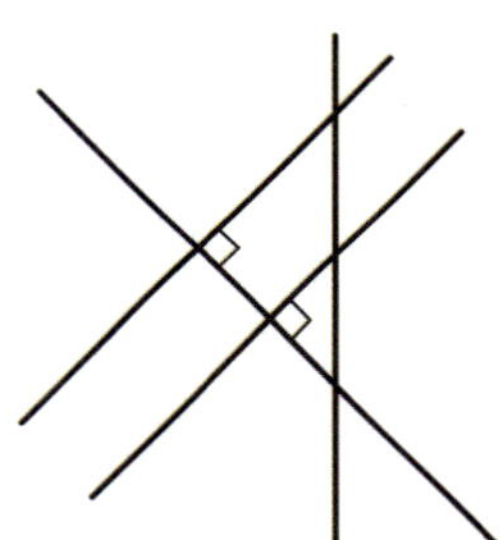

강의 **두 직선의 위치관계는 기울기와 y절편을 이용한다!**

→ 기울기와 y절편 이용하여 판단한다.

$$ax + by + c = 0 \rightarrow y = -\frac{a}{b}x - \frac{c}{b}$$

① 기울기 $\dfrac{a}{a'} = \dfrac{b}{b'}$

$$a'x + b'y + c' = 0 \rightarrow y = -\frac{a'}{b'}x - \frac{c'}{b'}$$

② y절편 $\dfrac{b}{b'} = \dfrac{c}{c'}$

기울기　y절편

주의 두 직선의 일치와 평행

(AB의 기울기) = (BC의 기울기) → 일치

(AB의 기울기) = (CD의 기울기) → 평행

직선 $x+ay+1=0$이 직선 $2x-by+1=0$과 수직이고 직선 $x-(b-3)y-1=0$과는 평행일 때, a^2+b^2의 값을 구하시오.

탐구 $ax+by+c=0,\ a'x+b'y+c'=0$의 위치 관계

① 수직 $\left(\dfrac{a}{b}\right)\left(\dfrac{a'}{b'}\right)=-1\ \rightarrow\ aa'=-bb'$

② 평행 $\dfrac{a}{a'}=\dfrac{b}{b'}\neq\dfrac{c}{c'}$

풀이 $\begin{cases} x+ay+1=0 \\ 2x-by+1=0 \end{cases}\rightarrow$ 수직 $\rightarrow 2=-a\times(-b)$

$\qquad \therefore ab=2$

$\begin{cases} x+ay+1=0 \\ x-(b-3)y-1=0 \end{cases}\rightarrow$ 평행 $\rightarrow \dfrac{1}{1}=\dfrac{a}{-(b-3)}\neq\dfrac{1}{-1}$

$\qquad \therefore a+b=3$

$\therefore a^2+b^2=(a+b)^2-2ab=9-4=5$

정답 5

유제 21-1 두 직선 $\begin{cases} y=-\dfrac{b}{a}x+b \\[2mm] y=-\dfrac{a}{b}x+a \end{cases}$ 가 평행할 때, a,b의 관계식을 구하시오.

유제 21-2 두 직선 $3x+2y=-1,\ 2x-y=-10$의 교점을 지나며, 직선 $x+3y=3$에 수직인 직선의 방정식을 구하시오.

조건 ① 기울기 異 　　　　　 조건 ② 교점 異

異(다를 이)

기|본|예|제 **22**

세 직선 $y=x$, $y=-x+4$, $4x-ay=10$이 삼각형을 이루지 않도록 하는 a의 값을 모두 구하시오.

탐구　세 직선의 삼각형 결정조건

→ 조건 1. 기울기가 달라야 한다.

　조건 2. 교점이 달라야 한다.

풀이

i) $\begin{cases} y=x \\ 4x-ay=10 \end{cases} \rightarrow \begin{cases} x-y=0 \\ 4x-ay=10 \end{cases} \rightarrow$ 기울기 같다. $\rightarrow \dfrac{1}{4}=\dfrac{-1}{-a}$ 　$\therefore a=4$

ii) $\begin{cases} y=-x+4 \\ 4x-ay=10 \end{cases} \rightarrow \begin{cases} x+y=4 \\ 4x-ay=10 \end{cases} \rightarrow$ 기울기 같다. $\rightarrow \dfrac{1}{4}=\dfrac{1}{-a}$ 　$\therefore a=-4$

iii) $\begin{cases} y=x \\ y=-x+4 \end{cases} \rightarrow$ 교점 $(2,\ 2) \rightarrow 4x-ay=10$에 대입

$$8-2a=10 \qquad \therefore a=-1$$

i), ii), iii)에 의해 $a=4$ 또는 $a=-4$ 또는 $a=-1$

정답　4 또는 -4 또는 -1

유제 22-1　세 직선 $x+y+1=0$, $2x-y-1=0$, $x+ay+2=0$이 삼각형을 이루지 않도록 하는 a의 값의 합을 구하시오.

유제 22-2　세 직선 $l:4x-2y+7=0$, $m:x-y+2=0$, $n:ax-y+3=0$이 있다. 세 직선 l, m, n으로 삼각형을 이루지 못하도록 하는 모든 상수 a의 값의 곱이 $\dfrac{q}{p}$ (단, p, q는 서로소인 자연수)라 할 때, $p+q$의 값을 구하시오.

첫째, $ax+by+c=0$꼴로 변형한다.

둘째, 공식을 이용한다.

→ 점 (x_1, y_1)에서 직선 $ax+by+c=0$에 내린 수선의 길이

$$d = \frac{|ax_1+by_1+c|}{\sqrt{a^2+b^2}}$$

$a=0,\ b\neq0$ 또는 $a\neq0,\ b=0$일 때도 성립한다.

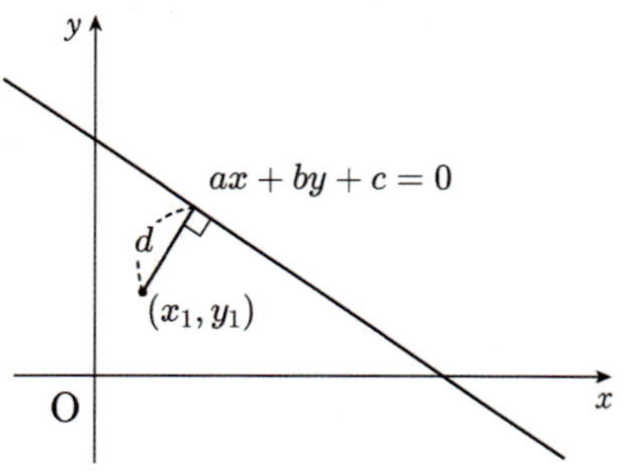

강의 **점과 직선 사이의 거리는 수직 거리를 의미한다!**

$$\rightarrow\quad d = \frac{|ax_1+by_1+c|}{\sqrt{a^2+b^2}}$$

기|본|예|제 23

한 점 $(2, 3)$과 직선 $y=2x+3$ 사이의 거리를 구하시오.

탐구 점 $\mathrm{P}(x_1, y_1)$과 직선 $ax+by+c=0$ 사이의 거리 → $d = \dfrac{|ax_1+by_1+c|}{\sqrt{a^2+b^2}}$

풀이 $y=2x+3$을 변형하면 $2x-y+3=0$

거리 $d = \dfrac{|4-3+3|}{\sqrt{2^2+(-1)^2}} = \dfrac{4}{\sqrt{5}} = \dfrac{4\sqrt{5}}{5}$

정답 $\dfrac{4\sqrt{5}}{5}$

유제 23-1 x축 위에 있는 점 중에서 직선 $y=3x+2$에 이르는 거리가 $\sqrt{10}$인 점의 좌표를 구하시오.

유제 23-2 좌표평면 위에서 원점과 직선 $x+y-2+k(x-y)=0$ 사이의 거리를 $f(k)$라 할 때, $f(k)$의 최댓값을 구하시오.

삼각형 ABC의 세 꼭짓점이 A$(4, 4)$, B$(0, 2)$, C$(3, -1)$이라 할 때, 이 삼각형의 넓이를 구하시오.

탐구 점과 직선 사이의 거리를 이용하여 삼각형의 높이를 구한 후 넓이를 구한다.

풀이 선분 BC를 밑변으로 놓고 길이를 구하면

$$\overline{BC} = \sqrt{(3-0)^2 + (-1-2)^2}$$
$$= \sqrt{18} = 3\sqrt{2}$$

직선 BC의 방정식은

$$y - 2 = \frac{-1-2}{3-0}(x-0)$$

$$y - 2 = -x$$

$$\therefore x + y - 2 = 0$$

넓이를 구하는 삼각형의 높이는 꼭짓점 A에서 직선 BC까지의 거리이므로 높이 h를 구하면

$$h = \frac{|4+4-2|}{\sqrt{1+1}} = \frac{6}{\sqrt{2}} = 3\sqrt{2}$$

따라서 삼각형 ABC의 넓이는

$$\frac{1}{2} \times 3\sqrt{2} \times 3\sqrt{2} = 9$$

정답 9

유제 24-1 삼각형 ABC의 세 꼭짓점이 A$(2, -5)$, B$(-5, -2)$, C$(-2, 2)$라 할 때, 이 삼각형의 넓이를 구하시오.

유제 24-2 세 직선 $y = 2x + 1$, $2y = x + 2$, $x + y = 4$로 둘러싸인 삼각형의 넓이를 구하시오.

기|본|예|제 25

평행한 두 직선 $x-2y+3=0$과 $x-2y+k=0$ 사이의 거리가 $\sqrt{5}$일 때, 양수 k의 값을 구하시오.

탐구   한 직선 위의 가장 간단한 점 설정 $\rightarrow$ 점과 직선 사이의 거리 공식 이용

풀이   평행한 두 직선 $x-2y+3=0$과 $x-2y+k=0$ 사이의 거리는 직선 $x-2y+3=0$ 위의

한 점 $(-3, 0)$과 직선 $x-2y+k=0$ 사이의 거리로 구하면 된다.

$$\frac{|-3+k|}{\sqrt{1^2+2^2}} = \sqrt{5}$$

$$|-3+k| = 5$$

$$\therefore -3+k = \pm 5$$

ⅰ) $-3+k=5$ $\therefore k=8$

ⅱ) $-3+k=-5$ $\therefore k=-2$

따라서 양수 k의 값은 8이다.

정답   8

유제 25-1   평행한 두 직선 $x+y=1$과 $x+y-4=0$ 사이의 거리를 구하시오.

유제 25-2   두 직선 $2x+3y=3$과 $ax-y=1$이 평행할 때, 두 직선 사이의 거리를 구하시오.

(1) 서로 다른 두 점 A, B에서 같은 거리에 있는 점의 자취는 $\overline{AB}$의 수직이등분선이다.
(2) 한 점에서 만나는 두 직선에 이르는 거리가 같은 점의 자취는 직선이 이루는 각의 이등분선이다.

(1) 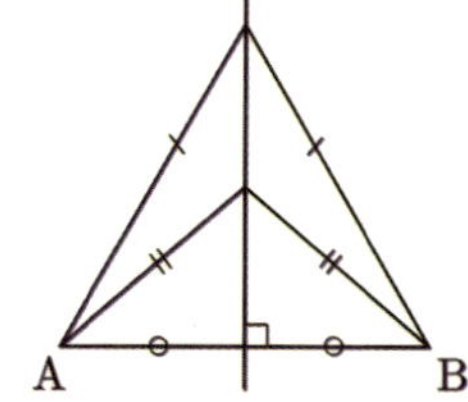

(2) 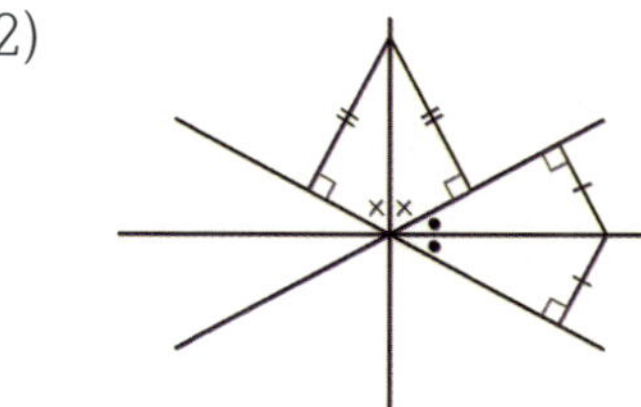

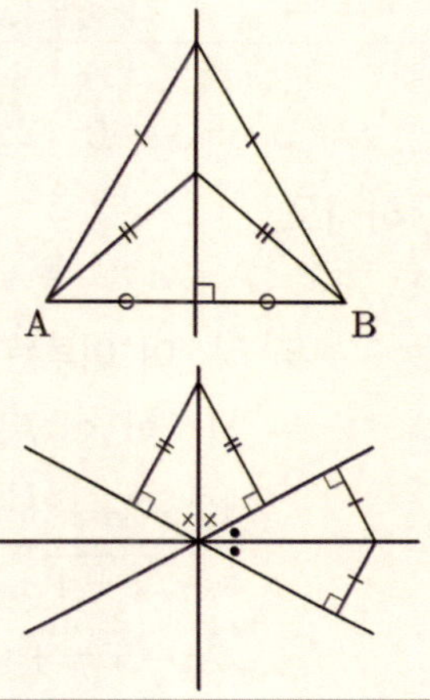

강의 **직선과 자취는 조건을 그림으로 나타내어 해결한다!**

→ 조건 → 그래프화 → 관계식 유도

(1) 두 점 A, B에서 같은 거리에 있는 점의 자취

→ 선분 AB의 수직이등분선

① 중점조건

② 수직조건 이용

(2) 교차하는 두 직선에서 같은 거리에 있는 점의 자취

→ 교각의 이등분선

→ 수직 거리가 같음을 이용

기 | 본 | 예 | 제 26

두 점 $A(a, -2)$, $B(b, 0)$으로부터 같은 거리에 있는 점의 자취의 방정식이 $x+y-1=0$일 때, a, b의 값을 구하시오.

탐구 두 점 A, B에서 같은 거리에 있는 점의 자취

→ 선분 AB의 수직이등분선 → ① 중점조건 ② 수직조건 이용

풀이 A, B에서 같은 거리에 있는 점의 자취는 $\overline{AB}$의 수직이등분선이다.

따라서 $\overline{AB}$의 기울기가 1이므로

$$\frac{2}{b-a}=1 \qquad \therefore a-b=-2 \cdots ①$$

A, B의 중점 $\left(\dfrac{a+b}{2}, -1\right)$은 $x+y-1=0$ 위의 점이므로

$$\frac{a+b}{2}-1-1=0 \qquad \therefore a+b=4 \cdots ②$$

①, ②를 연립하여 풀면 $a=1$, $b=3$

정답 $a=1$, $b=3$

유제 26-1 두 점 $A(0, -2)$, $B(3, -1)$에서 같은 거리에 있는 점의 자취의 방정식을 구하시오.

유제 26-2 두 점 $A(3, 2)$, $B(6, 5)$에 대하여 선분 AB를 $1:2$로 내분하는 점 P를 지나고 선분 AB에 수직인 직선의 방정식을 구하시오.

기 | 본 | 예 | 제 27

두 직선 $x+2y+3=0$, $2x-y-5=0$이 이루는 각의 이등분선이 점 $(2, a)$를 지날 때, a의 값을 모두 구하시오.

탐구 두 직선이 이루는 각의 이등분선 위의 점에서 두 직선까지의 거리는 서로 같다.

풀이 두 직선이 이루는 각의 이등분선 위의 점 $(2, a)$는 두 직선까지의 거리가 같으므로

$$\frac{|2+2a+3|}{\sqrt{1+4}} = \frac{|4-a-5|}{\sqrt{4+1}} \qquad |2a+5|=|-a-1|$$

$$\therefore 2a+5 = \pm(-a-1)$$

$\text{i}) \ 2a+5 = -a-1 \qquad \therefore a = -2$

$\text{ii}) \ 2a+5 = a+1 \qquad \therefore a = -4$

$$\therefore a = -2 \ \text{또는} \ a = -4$$

✔ 정답 $a = -2$ 또는 $a = -4$

유제 27-1 두 직선 $y = \sqrt{3}\,x+3$, $y = \dfrac{1}{\sqrt{3}}x+3$이 이루는 각을 이등분하는 직선의 방정식을 구하시오.

유제 27-2 직선 $\sqrt{3}\,x-y-\sqrt{3}=0$과 x축이 이루는 각을 이등분하는 직선 중 기울기가 양수인 직선의 방정식을 구하시오.

반복학습 기록란.

가장 좋은 학습방법은 학교에서나 학원에서나 선생님의 강의를 열심히 듣고 여러 번 반복학습하는 것입니다.
지금부터 당장 선생님의 강의를 열심히 듣고 반복! 반복하십시오. 그러면 곧 모든 과목에 자신이 생길 것입니다.

회수	시작이 반!			끝을 봐야!			확인
제1회	년	월	일 부터	년	월	일 까지	
제2회	년	월	일 부터	년	월	일 까지	
제3회	년	월	일 부터	년	월	일 까지	
제4회	년	월	일 부터	년	월	일 까지	
제5회	년	월	일 부터	년	월	일 까지	
제6회	년	월	일 부터	년	월	일 까지	
제7회	년	월	일 부터	년	월	일 까지	
제8회	년	월	일 부터	년	월	일 까지	
제9회	년	월	일 부터	년	월	일 까지	
제10회	년	월	일 부터	년	월	일 까지	

▶ 연습문제 A는 앞에서 배운 기초 단계의 문제이므로 선생님의 도움 없이 스스로 풀어 자신의 실력을 점검해 보도록 하자.

01 △ABC에서 $\overline{AB}=4\,cm$, $\overline{BC}=3\,cm$, $\overline{AC}=3\,cm$이다. △ABC의 넓이가 $5\,cm^2$일 때, △ABC의 내접원의 반지름의 길이를 구하시오.

02 오른쪽 그림에서 점 O는 △ABC의 외심이고, $\overline{BC}=10\,cm$이다. △OBC의 둘레의 길이가 $22\,cm$라 할 때, $\overline{OA}$의 길이를 구하시오.

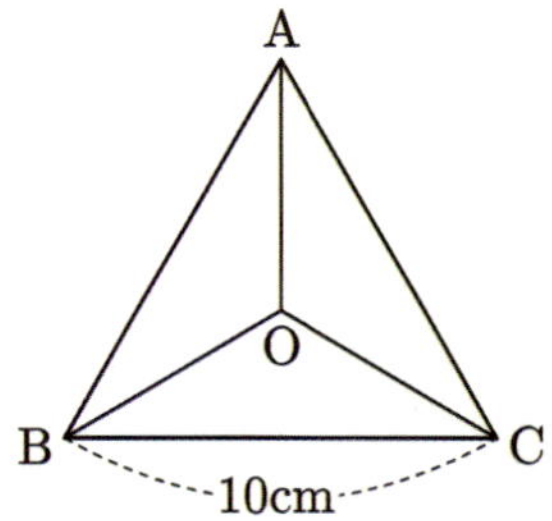

03 직선이 x축의 양의 방향과 이루는 각이 $60°$일 때, 이 직선의 기울기를 구하시오.

04 두 점 $A(1,2)$, $B(x+2,5)$에 대하여 $\overline{AB}=\sqrt{13}$이 되게 하는 x의 값을 모두 구하시오.

05 다음을 구하시오.
(1) 두 점 $A(-3,2)$, $B(5,2)$ 사이의 거리
(2) 두 점 $C(-2,2)$, $D(-2,-4)$ 사이의 거리

06 두 점 $A(-4, 5)$, $B(3, 2)$에서 같은 거리에 있는 x축 위의 점 P의 좌표를 구하시오.

07 두 점 $A(-1, 3)$, $B(5, 1)$에 대하여 $\overline{AP}^2 + \overline{BP}^2$이 최소가 되게 하는 y축 위의 점 P의 좌표와 그 최솟값을 구하시오.

08 삼각형 ABC의 세 꼭짓점이 $A(1, 0)$, $B(0, 5)$, $C(5, 4)$일 때, 이 삼각형의 모양을 말하시오.

09 $P(x)$, $A(-2)$, $B(2)$, $C(4)$일 때, $\overline{PA} + \overline{PB} + \overline{PC}$의 최솟값을 구하시오.

10 네 점 $A(-2, 3)$, $B(-1, 1)$, $C(2, 0)$, $D(3, 5)$일 때, 한 점 P에 대하여 $\overline{PA} + \overline{PB} + \overline{PC} + \overline{PD}$의 최솟값을 구하시오.

11 두 점 $A(3, 5)$, $B(-1, -3)$에 대하여 선분 AB를 $3:1$로 내분하는 점 P와 선분 AB를 $1:3$으로 내분하는 점 Q의 좌표를 각각 구하시오.

12 두 점 $A(-2, 1)$, $B(2, -4)$를 이은 선분 AB를 $t : 1-t$로 내분하는 점 P가 제 3 사분면에 있도록 하는 t의 범위를 구하시오.

13 두 점 $A(-1, 5)$, $B(1, 3)$을 이은 선분 AB를 연장한 직선 위의 점 C에 대하여 $3\overline{AB} = \overline{BC}$일 때, 점 C의 좌표를 구하시오. (단, 점 C의 x좌표는 양수이다.)

14 네 점 $A(a, 4)$, $B(5, b)$, $C(2, 1)$, $D(-2, 2)$를 꼭짓점으로 하는 평행사변형 $ABCD$에서 $a+b$의 값을 구하시오.

15 오른쪽 그림과 같이 세 점 $A(2, 4)$, $B(-1, 0)$, $C(8, -4)$를 꼭짓점으로 하는 삼각형 ABC의 각 A의 이등분선이 $\overline{BC}$와 만나는 점을 D라 할 때, 점 D의 좌표를 구하시오.

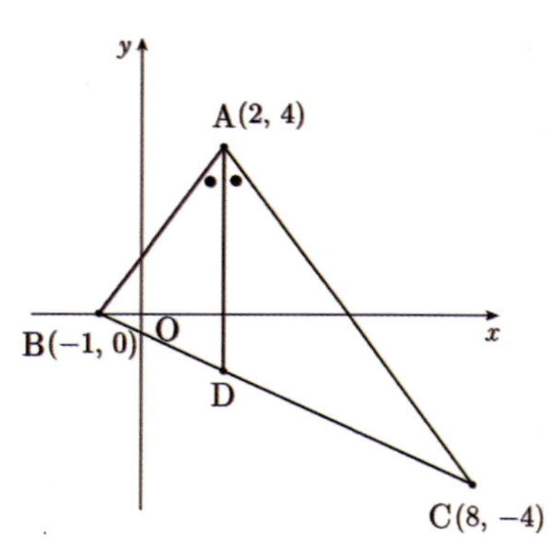

16 세 꼭짓점이 $A(a, 8)$, $B(b, a)$, $C(5, b)$인 삼각형 ABC의 무게중심이 $G(a, 3)$일 때, a, b의 값을 구하시오.

17 평행사변형 ABCD에서 $\overline{AB} = 4$, $\overline{BC} = 6$, $\overline{AC} = 8$일 때, $\overline{BD}$의 길이를 구하시오.

18 두 정점 A, B의 거리가 10일 때, $\overline{PA}^2 - \overline{PB}^2 = 20$인 점 P의 자취를 구하시오.

19 두 점 P$(3, 4)$, Q$(-1, 5)$에 대하여 $\overline{PR}^2 - \overline{QR}^2 = 4$인 점 R의 자취를 구하시오.

20 포물선 $y = (x - a)^2 - a^2$의 꼭짓점의 자취를 구하시오.

21 정점 A$(3, 2)$와 직선 $3x - 4y - 11 = 0$ 위의 점을 잇는 선분의 중점의 자취의 방정식을 구하시오.

22 다음과 같은 직선의 방정식을 구하시오.
(1) 기울기 2, x절편 -1인 직선
(2) 기울기 -1, y절편 3인 직선
(3) x절편 2, y절편 4인 직선

23 다음과 같은 직선의 방정식을 구하시오.
(1) 한 점 $(2, -1)$을 지나고 기울기가 2인 직선
(2) 두 점 $(5, 2)$, $(1, -2)$를 지나는 직선

24 두 직선 $y = 2x + 3$, $y = -x + 2$의 교점과 한 점 $(1, 2)$를 지나는 직선을 구하시오.

25 직선 $x + ay + 1 = 0$이 직선 $2x - by + 1 = 0$과 수직이고 직선 $x - (b-3)y - 1 = 0$과는 평행일 때, $a^2 + b^2$의 값을 구하시오.

26 세 직선 $y = x$, $y = -x + 4$, $4x - ay = 10$이 삼각형을 이루지 않도록 하는 a의 값을 모두 구하시오.

27 한 점 $(2, 3)$과 직선 $y = 2x + 3$ 사이의 거리를 구하시오.

28 x축 위에 있는 점 중에서 직선 $y=3x+2$에 이르는 거리가 $\sqrt{10}$ 인 점의 좌표를 구하시오.

29 삼각형 ABC의 세 꼭짓점이 A$(4, 4)$, B$(0, 2)$, C$(3, -1)$이라 할 때, 이 삼각형의 넓이를 구하시오.

30 평행한 두 직선 $x-2y+3=0$과 $x-2y+k=0$ 사이의 거리가 $\sqrt{5}$일 때, 양수 k의 값을 구하시오.

31 두 점 A$(a, -2)$, B$(b, 0)$으로부터 같은 거리에 있는 점의 자취의 방정식이 $x+y-1=0$일 때, a, b의 값을 구하시오.

32 두 직선 $x+2y+3=0$, $2x-y-5=0$이 이루는 각의 이등분선이 점 $(2, a)$를 지날 때, a의 값을 모두 구하시오.

▶ 연습문제 B는 앞에서 배운 중급 단계의 문제이므로 선생님의 도움 없이 스스로 풀어 자신의 실력을 점검해 보도록 하자.

01 오른쪽 그림에서 점 I는 △ABC의 내심일 때, 내접원의 반지름의 길이를 구하시오.

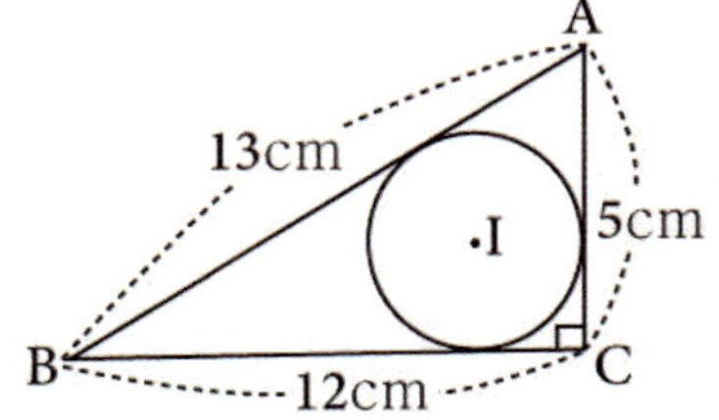

02 오른쪽 그림과 같이 $\angle C = 90^\circ$인 직각삼각형 ABC에서 $\overline{BC} = 6\,cm$, $\overline{CA} = 8\,cm$일 때, 외접원의 둘레의 길이를 구하시오.

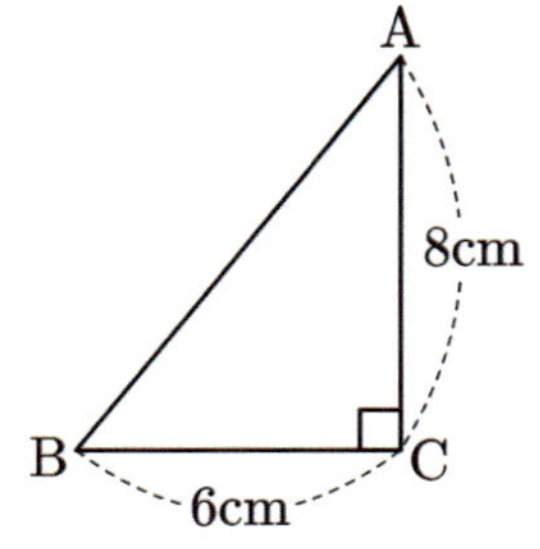

03 세 점 $A(a-5, 1)$, $B(-2, 4)$, $C(a, -2)$가 한 직선 위에 있도록 하는 a의 값을 구하시오.

04 세 점 $A(3, 4)$, $B(1, -1)$, $C(a, 1)$에 대하여 $\overline{AB} = \overline{BC}$가 성립할 때, a의 값을 모두 구하시오.

05 두 점 $A(0, -3)$, $B(-1, 4)$에서 같은 거리에 있는 $y = x$ 위의 점 R의 좌표를 구하시오.

06 두 점 $A(6, 4)$, $B(5, -1)$에 대하여 $\overline{AR}^2 + \overline{BR}^2$이 최소가 되게 하는 $y = x - 1$ 위의 점 R의 좌표와 그 최솟값을 구하시오.

07 다음 세 점을 꼭짓점으로 하는 삼각형의 모양을 말하시오.
$$O(0, 0), \quad A(a, b), \quad B(a+b, b-a)$$

08 $O(0)$, $A(1)$, $B(k)$일 때, 수직선 위의 점 P에 대하여 $\overline{PO} + \overline{PA} + \overline{PB}$의 최솟값이 4가 되게 하는 1보다 큰 k의 값을 구하시오.

09 네 점 $A(2, 5)$, $B(0, 4)$, $C(2, 0)$, $D(a, 2)$와 한 점 P에 대하여 $\overline{PA} + \overline{PB} + \overline{PC} + \overline{PD}$의 최솟값이 13이라 할 때, 양수 a의 값을 구하시오.

10 두 점 $A(5, 2)$, $B(a, -1)$에 대하여 선분 AB를 $2 : b$로 내분하는 점의 좌표가 $(1, 0)$일 때, $a+b$의 값을 구하시오.

11 두 점 $A(1, -4)$, $B(3, 9)$를 이은 선분 AB를 $1:k$로 내분하는 점 P가 제 1 사분면에 있도록 하는 양의 정수 k에 대하여 점 P의 좌표를 구하시오.(단, $k \neq 1$)

12 두 점 $A(4, -3)$, $B(0, 3)$을 이은 선분 AB를 연장한 직선 위의 점 C에 대하여 $\overline{AC} = 3\overline{BC}$일 때, 점 C의 좌표를 구하시오. (단, 점 C의 x좌표는 음수이다.)

13 네 점 $A(a, 8)$, $B(b, 3)$, $C(7, 2)$, $D(6, 7)$을 꼭짓점으로 하는 마름모 ABCD에서 a, b의 값을 구하시오.

14 세 점 $A(3, 4)$, $B(0, 1)$, $C(2, -1)$을 꼭짓점으로 하는 삼각형 ABC의 각 B의 이등분선이 $\overline{AC}$와 만나는 점을 D라 할 때, $\overline{BD}$의 길이를 구하시오.

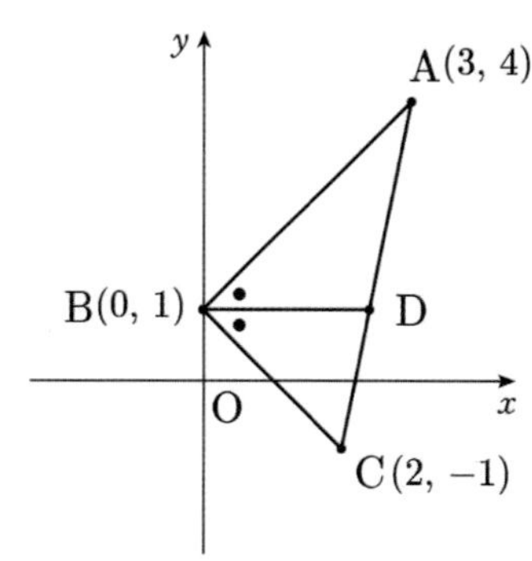

15 평면 위에서 질량이 같은 점들을 한 점을 중심으로 가장 쉽게 회전시키려면 각 점으로부터 회전 중심까지의 거리의 제곱의 합이 가장 작아야 한다. 평면 위의 점 $O(0, 0)$, $A(2, 0)$, $B(2, 1)$에 각각 질량이 같은 점이 놓여 있을 때, 이들 세 점을 가장 쉽게 회전시키는 회전중심 P의 좌표를 구하시오.

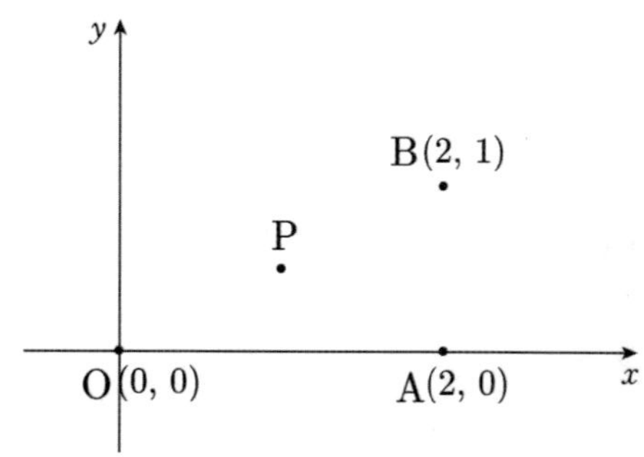

16 $\triangle$ABC의 무게중심을 G라 하면
$\overline{AB}=6$, $\overline{BC}=8$, $\overline{AG}=2\sqrt{2}$ 라 할 때,
변 $\overline{AC}$의 길이를 구하시오.

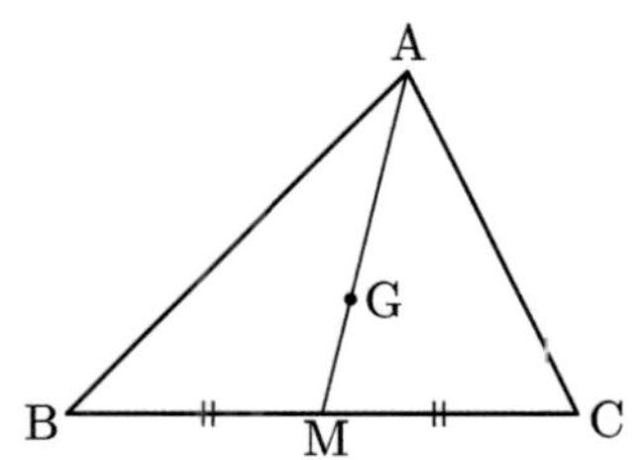

17 두 정점 X, Y의 거리가 5일 때, $\overline{PX}^2-\overline{PY}^2=15$인 점 P의 자취를 구하시오.

18 두 점 $A(1,-2)$, $B(a,0)$으로부터 같은 거리에 있는 점의 자취의 방정식이
$x+y-1=0$일 때, a의 값을 구하시오.

19 t가 실수일 때, 점 $(t^2+4,\,2t^2)$의 자취의 방정식을 구하시오.

20 $2a+b=3$일 때, 포물선 $y=-(x-2a)^2+4a^2+b$의 꼭짓점의 자취를 구하시오.

21 x절편 1, y절편 2인 직선과 기울기가 같고 y절편이 -1인 직선의 x절편을 구하시오.

22   두 점 $A(1, 8)$, $B(-3, 2)$의 중점을 지나며 x축의 양의 방향과 $45°$의 각을 이루는 직선의 방정식을 구하시오.

23   방정식 $5x^2 - 10xy - 2x + 4y = 0$은 두 직선을 나타낸다. 이 두 직선의 교점을 지나는 직선 중에서 기울기가 -2인 직선을 구하시오.

24   두 직선 $3x + 2y = -1$, $2x - y = -10$의 교점을 지나며, 직선 $x + 3y = 3$에 수직인 직선의 방정식을 구하시오.

25   세 직선 $l : 4x - 2y + 7 = 0$, $m : x - y + 2 = 0$, $n : ax - y + 3 = 0$이 있다. 세 직선 l, m, n으로 삼각형을 이루지 못하도록 하는 모든 상수 a의 값의 곱이 $\dfrac{q}{p}$ (단, p, q는 서로소인 자연수)라 할 때, $p+q$의 값을 구하시오.

26 좌표평면 위에서 원점과 직선 $x+y-2+k(x-y)=0$ 사이의 거리를 $f(k)$라 할 때, $f(k)$의 최댓값을 구하시오.

27 세 직선 $y=2x+1$, $2y=x+2$, $x+y=4$로 둘러싸인 삼각형의 넓이를 구하시오.

28 두 직선 $2x+3y=3$과 $ax-y=1$이 평행할 때, 두 직선 사이의 거리를 구하시오.

29 두 점 $A(3, 2)$, $B(6, 5)$에 대하여 선분 PB의 길이가 선분 PA의 길이의 2배가 되는 점 $P(x, y)$의 자취의 방정식을 구하시오.

30 직선 $\sqrt{3}\,x-y-\sqrt{3}=0$과 x축이 이루는 각을 이등분하는 직선 중 기울기가 양수인 직선의 방정식을 구하시오.

**I.
도형의 방정식**

**P A R T
02**

원

명언

승자는 문제 속에 뛰어든다. 패자는 문제의 변두리에서만 맴돈다.

\- 빅토르 위고 -

1 원의 둘레의 길이와 넓이

→ 반지름의 길이가 r인 원에 대하여

[1] 원의 둘레의 길이

$$l = 2 \times (원주율) \times (반지름의\ 길이) = 2\pi r$$

[2] 원의 넓이

$$S = (원주율) \times (반지름의\ 길이) \times (반지름의\ 길이) = \pi r^2$$

강의 원의 둘레 $l = 2\pi r$ 이고, 원의 넓이 $S = \pi r^2$ 이다!

→ 반지름 r, 원의 둘레 l, 넓이 S라 하면

→ $l = 2\pi r,\ S = \pi r^2$

기|본|예|제 01

반지름의 길이가 $5\,\mathrm{cm}$인 원의 둘레의 길이와 넓이를 구하시오.

탐구 원의 둘레 $l = 2\pi r$, 원의 넓이 $S = \pi r^2$

풀이 반지름의 길이 $r = 5$이므로

원의 둘레 $l = 2\pi \times 5 = 10\pi\,(\mathrm{cm})$

원의 넓이 $S = \pi \times 5^2 = 25\pi\,(\mathrm{cm}^2)$

정답 원의 둘레의 길이 : $10\pi\,\mathrm{cm}$, 원의 넓이 : $25\pi\,\mathrm{cm}^2$

유제 01-1 원의 둘레의 길이가 $6\pi\,\mathrm{cm}$인 원의 넓이를 구하시오.

유제 01-2 다음 그림에서 색칠한 부분의 둘레의 길이와 넓이를 구하시오.

(1)

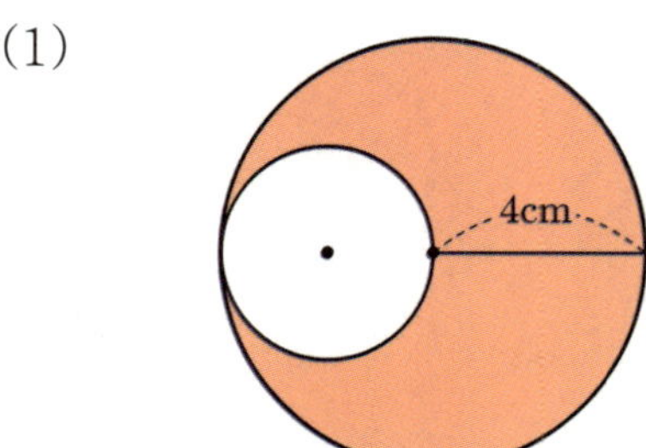

(2)

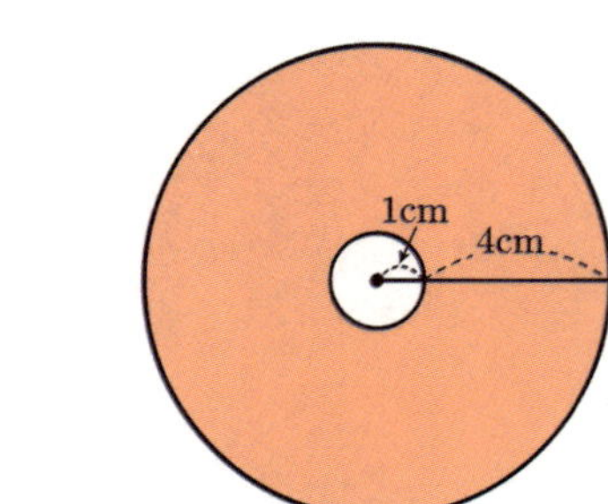

2 현의 수직이등분선

(1) 원에서 현의 수직이등분선은 원의 중심을 지난다.
(2) 원의 중심에서 현에 내린 수선은 그 현을 수직이등분한다.

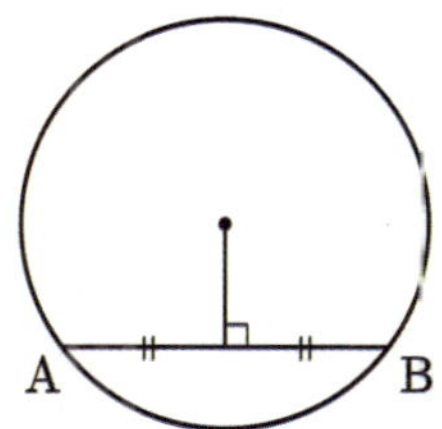

강의 현의 수직이등분선은 원의 중심을 지난다!

→ $\overline{AB} \perp \overline{OM}$ → $\overline{AM} = \overline{BM}$

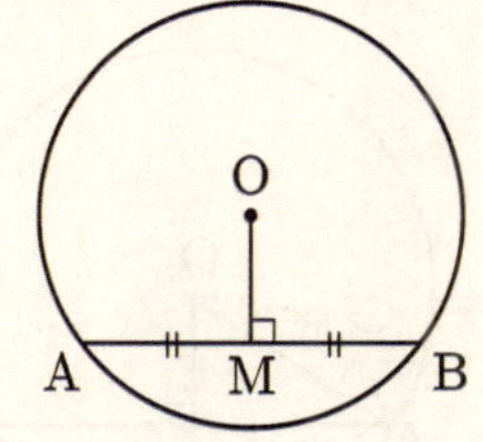

기|본|예|제 02

오른쪽 그림에서 $\overline{OM}$이 원 O의 현 $\overline{AB}$와 수직이라고 할 때,
이 원의 반지름의 길이를 구하시오.

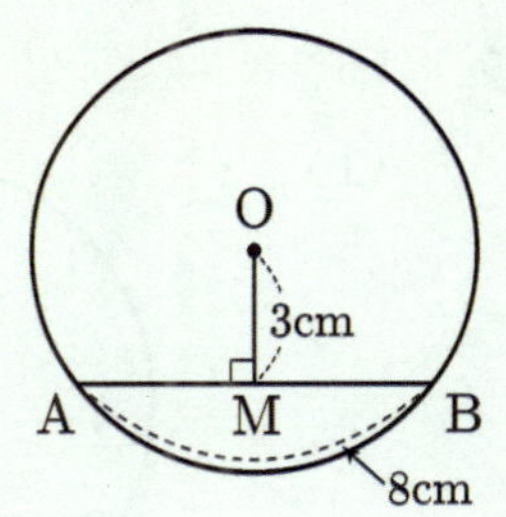

탐구 $\overline{AB} \perp \overline{OM}$이면 $\overline{AM} = \overline{BM}$ 이다.

풀이 현 $\overline{AB}$와 $\overline{OM}$이 수직이면 $\overline{AM} = \overline{BM}$ 이므로
$\overline{AM} = 4\,\text{cm}$이다.
△OAM은 직각삼각형이므로 피타고라스 정리에 의해

$$\overline{OA}^2 = \overline{OM}^2 + \overline{AM}^2$$
$$= 3^2 + 4^2 = 25$$
$$\therefore \overline{OA} = 5$$

따라서 이 원의 반지름의 길이는 $5\,\text{cm}$이다.

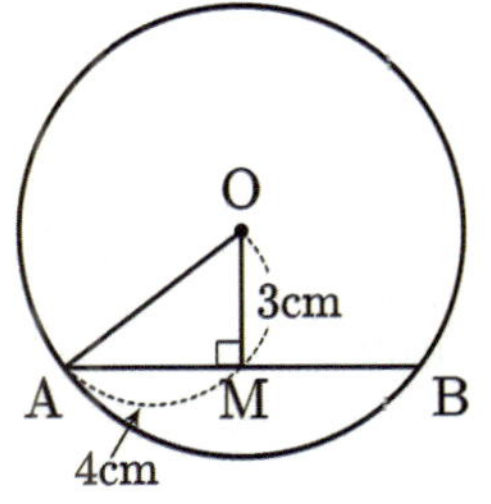

정답 $5\,\text{cm}$

유제 02-1 다음 그림에서 x의 값을 구하시오.

(1)

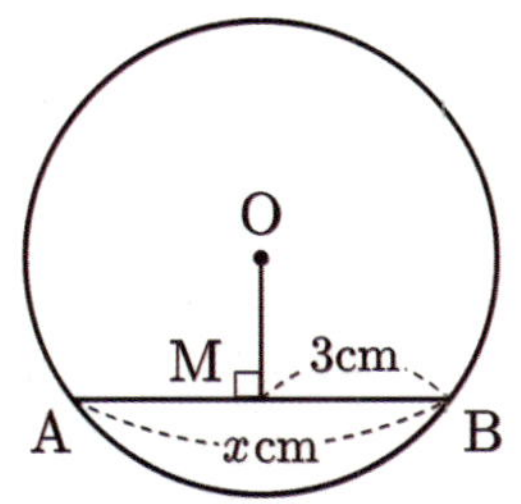

(2)

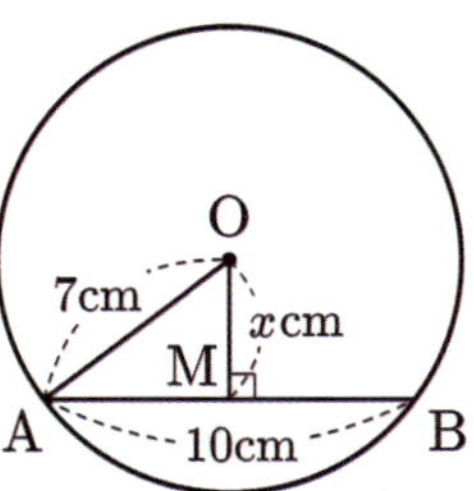

(3)

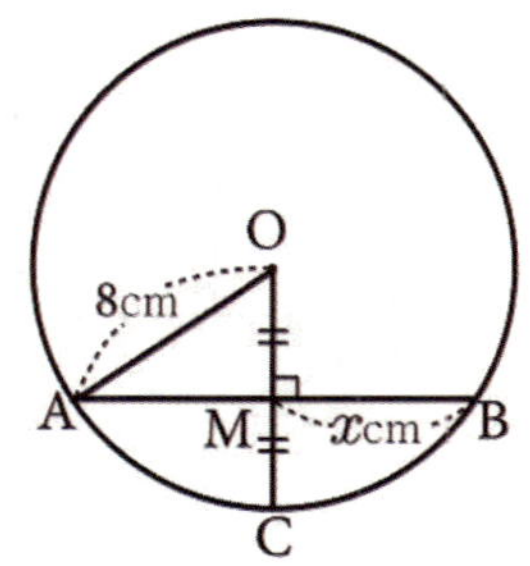

(4)

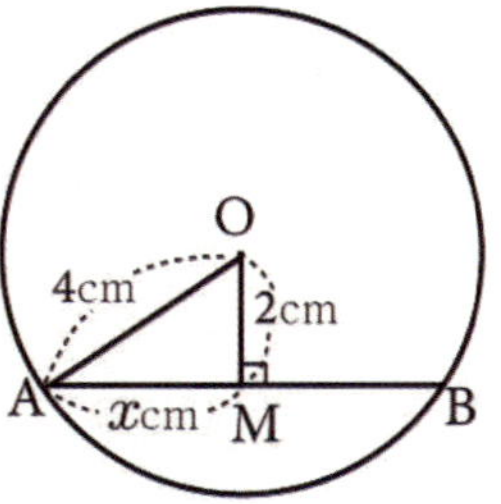

유제 02-2 다음 그림에서 원의 반지름의 길이를 구하시오.

(1)

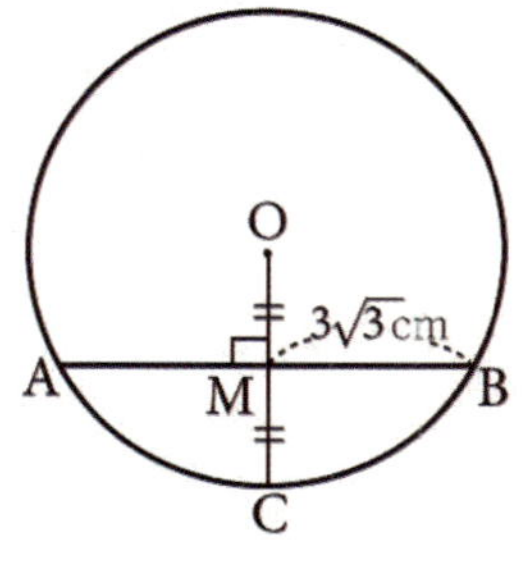

(2)

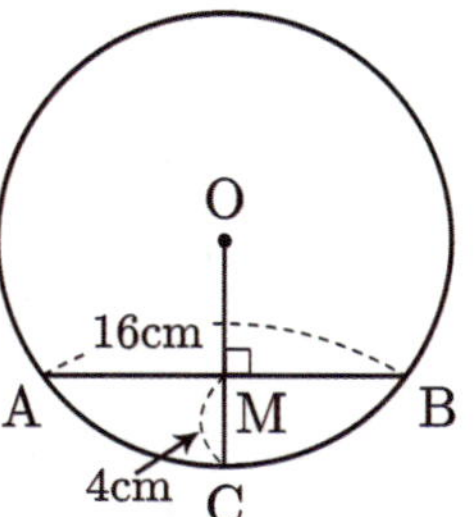

유제 02-3 오른쪽 그림에서 색칠한 부분의 넓이를 구하시오.

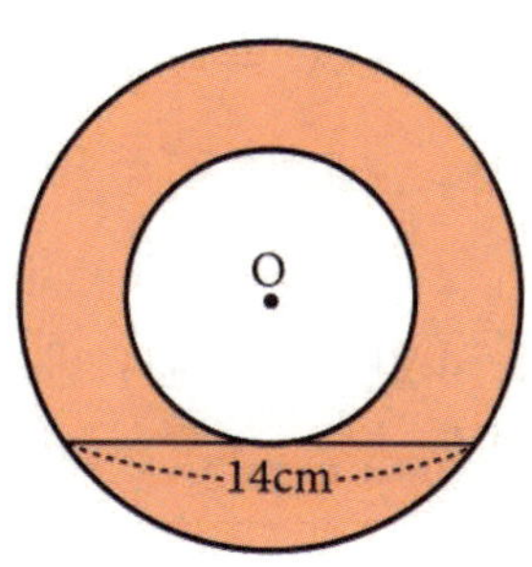

2 원의 접선의 성질과 그 길이

(1) 원의 접선은 그 접점을 지나는 반지름과 수직이다.

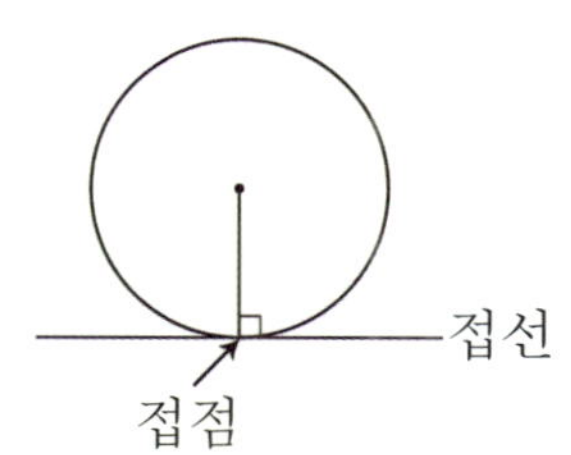

(2) 원 밖의 한 점에서 원에 그은 접선은 2개이고
그 길이가 같다.

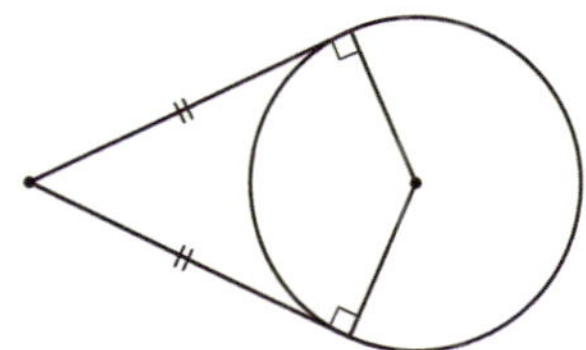

강의 원의 접선은 $\overline{PT} = \overline{PT'}$ 이고, $\overline{OT}, \overline{OT'}$과 수직으로 만난다!

→ 원의 중심 O, 원 밖의 한 점 P, 점 P에서 원에 그은
두 접선의 접점 T, T′에 대하여

$$\overleftrightarrow{PT} \perp \overline{OT},\ \overleftrightarrow{PT'} \perp \overline{OT'},\ \overline{PT} = \overline{PT'}$$

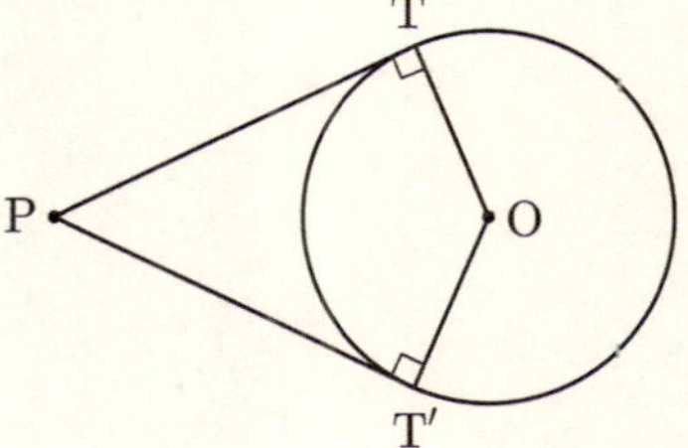

기|본|예|제 03

오른쪽 그림에서 $\overline{PT}$의 길이를 구하시오.

($\overleftrightarrow{PT}$는 원 O의 접선이다.)

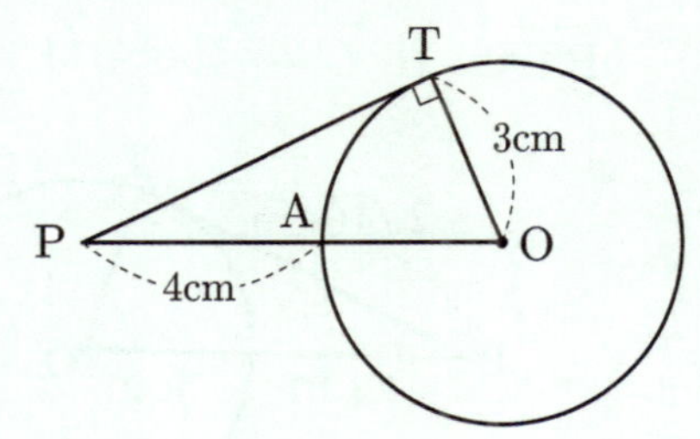

탐구 $\overleftrightarrow{PT} \perp \overline{OT}$이므로 피타고라스 정리를 이용한다.

풀이 $\triangle OTP$에서 $\angle T = 90°$ 이고 $\overline{OA} = \overline{OT} = 3\,(\mathrm{cm})$이므로

피타고라스 정리를 이용하여 $\overline{PT}$의 길이를 구하면

$$\overline{PT}^2 = \overline{OP}^2 - \overline{OT}^2 = 49 - 9 = 40$$

$$\therefore\ \overline{PT} = \sqrt{40} = 2\sqrt{10}$$

정답 $2\sqrt{10}$

유제 03-1 오른쪽 그림에서 $\overline{PT}$의 길이를 구하시오.
($\overleftrightarrow{PT}$, $\overleftrightarrow{PT'}$은 원 O의 접선이다.)

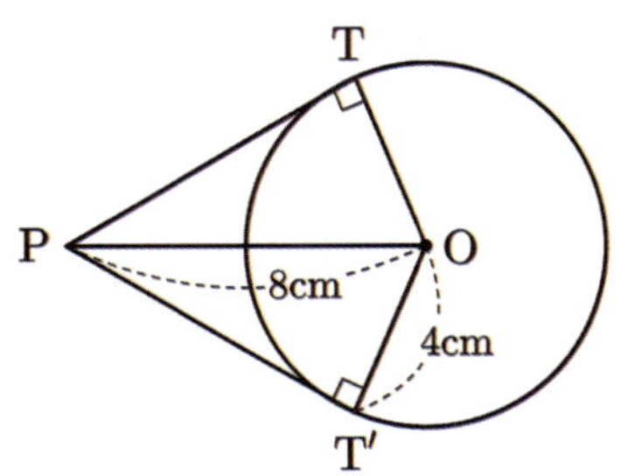

유제 03-2 오른쪽 그림에서 $\triangle ABC$의 둘레의
길이를 구하시오.
($\overleftrightarrow{AD}$, $\overleftrightarrow{AE}$, $\overleftrightarrow{BC}$는 원 O의 접선이다.)

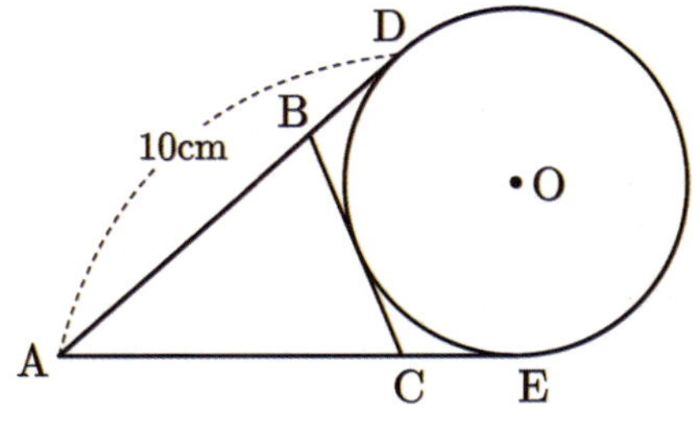

유제 03-3 다음 그림에서 x의 값을 구하시오.
($\overleftrightarrow{PT}$는 원 O의 접선이다.)

(1)

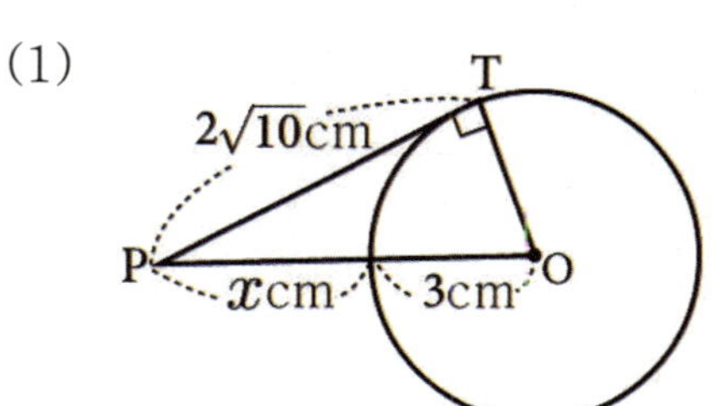

(2)

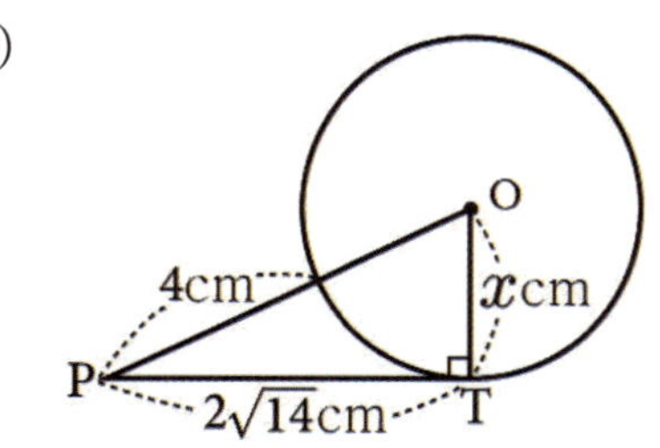

1 원의 정의와 그 방정식

[1] 원의 정의

➜ 평면 위의 한 정점에서 일정한 거리에 있는 점의 자취를 **원**이라 하며, 이때 정점을 **원의 중심**, 일정한 거리를 **반지름의 길이**라 한다.

[2] 원의 방정식

(1) 기본형 : $x^2+y^2=r^2$

➜ 중심 : $(0,\,0)$

➜ 반지름의 길이 : $|r|$

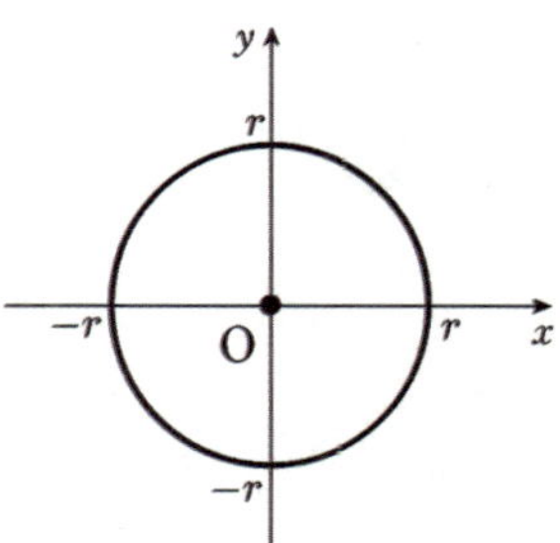

(2) 표준형(이동형) : $(x-a)^2+(y-b)^2=r^2$

➜ $x^2+y^2=r^2$을 x축 방향으로 a만큼, y축 방향으로 b만큼 평행이동한 것이다.

➜ $x^2+y^2=r^2$의 x값에서는 a를, y값에서는 b를 빼주어야 한다.

➜ 중심 : $(a,\,b)$

➜ 반지름의 길이 : $|r|$

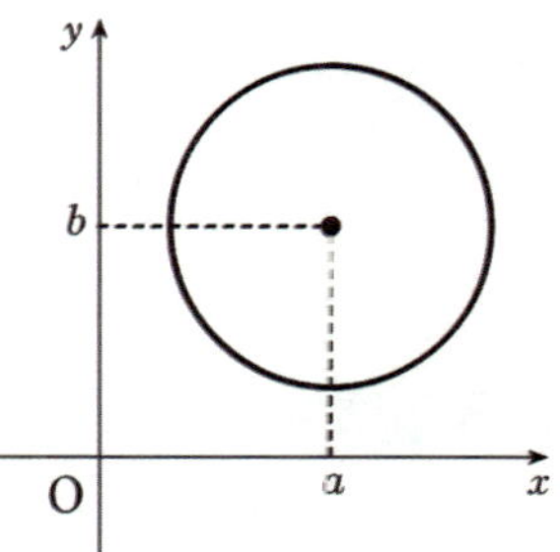

(3) 일반형 : $x^2+y^2+ax+by+c=0$ (단, $a^2+b^2-4c>0$)

➜ 중심 : $\left(-\dfrac{a}{2},\,-\dfrac{b}{2}\right)$

➜ 반지름의 길이 : $\dfrac{\sqrt{a^2+b^2-4c}}{2}$

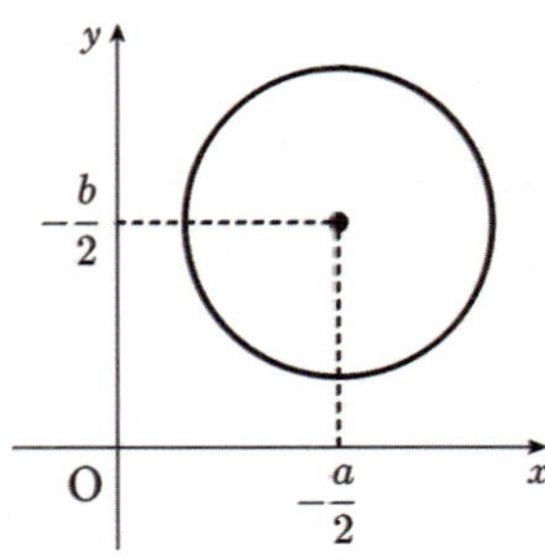

체크 점원과 허원과 실원의 판별

➜ 원 $x^2+y^2+ax+by+c=0$ → 판별식 a^2+b^2-4c 이용

(1) $a^2+b^2-4c=0$ → 반지름의 길이가 0인 원 → 점원

(2) $a^2+b^2-4c<0$ → 반지름의 길이가 허수인 원 → 허원

(3) $a^2+b^2-4c>0$ → 실원

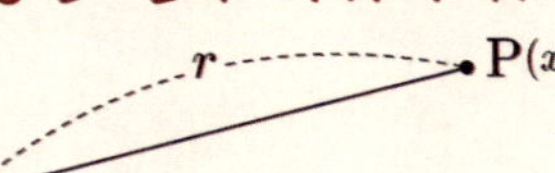

기|본|예|제 01

점 $\mathrm{C}(2, 3)$에서 거리가 5인 점 $\mathrm{P}(x, y)$의 자취를 구하시오.

탐구 평면 위의 한 정점으로부터 같은 거리에 있는 점들의 집합 → 원

풀이 $\overline{\mathrm{PC}} = \sqrt{(x-2)^2 + (y-3)^2} = 5$

$$\therefore (x-2)^2 + (y-3)^2 = 25$$

정답 $(x-2)^2 + (y-3)^2 = 25$

유제 01-1 중심이 $\mathrm{C}(1, -1)$인 원 위에 한 점 $\mathrm{A}(3, 3)$이 있을 때, 이 원의 반지름의 길이를 구하시오.

유제 01-2 평면 위의 한 점 $(-2, 3)$으로부터 일정한 거리에 있는 점 P의 자취 중 점 $(1, 6)$을 지나는 도형의 방정식을 구하시오.

다음 원의 방정식을 구하시오.

(1) 중심이 원점이고 반지름의 길이가 3인 원

(2) 중심이 점 $(1, -3)$이고 점 $(2, 0)$을 지나는 원

(3) 세 점 $(0, 0)$, $(4, 0)$, $(4, 2)$를 지나는 원

탐구

① 중심 (a, b), 반지름의 길이 $r \rightarrow (x-a)^2 + (y-b)^2 = r^2$

② 세 점이 주어진 경우 $\rightarrow x^2 + y^2 + ax + by + c = 0$에 대입

풀이

(1) 중심이 점 $(0, 0)$, 반지름의 길이가 3인 원의 방정식은

$$x^2 + y^2 = 3^2 \qquad \therefore x^2 + y^2 = 9$$

(2) 반지름의 길이 $r = \sqrt{(2-1)^2 + (0+3)^2} = \sqrt{10}$

중심이 점 $(1, -3)$, 반지름의 길이가 $\sqrt{10}$인 원의 방정식은

$$(x-1)^2 + (y+3)^2 = \sqrt{10}^{\,2} \qquad \therefore (x-1)^2 + (y+3)^2 = 10$$

(3) $x^2 + y^2 + ax + by + c = 0$에 세 점을 대입하면

ⅰ) $(0, 0)$ 대입 ; $c = 0 \qquad \therefore x^2 + y^2 + ax + by = 0$

ⅱ) $(4, 0)$ 대입 ; $16 + 4a = 0 \quad a = -4 \qquad \therefore x^2 + y^2 - 4x + by = 0$

ⅲ) $(4, 2)$ 대입 ; $16 + 4 - 16 + 2b = 0 \quad b = -2$

$$\therefore x^2 + y^2 - 4x - 2y = 0$$

정답 (1) $x^2 + y^2 = 9$ (2) $(x-1)^2 + (y+3)^2 = 10$ (3) $x^2 + y^2 - 4x - 2y = 0$

유제 02-1 중심이 $C(-2, 2)$이고 반지름의 길이가 4인 점 $P(a, 4)$가 있다. 이때 모든 a의 값의 곱을 구하시오.

유제 02-2 원 $x^2 + y^2 + ax + by + c = 0$이 세 점 $O(0, 0)$, $A(3, 3)$, $B(0, 4)$를 지날 때, 다음을 구하시오.

(1) a, b, c의 값

(2) $\triangle OAB$에 외접하는 원의 중심의 좌표와 반지름의 길이

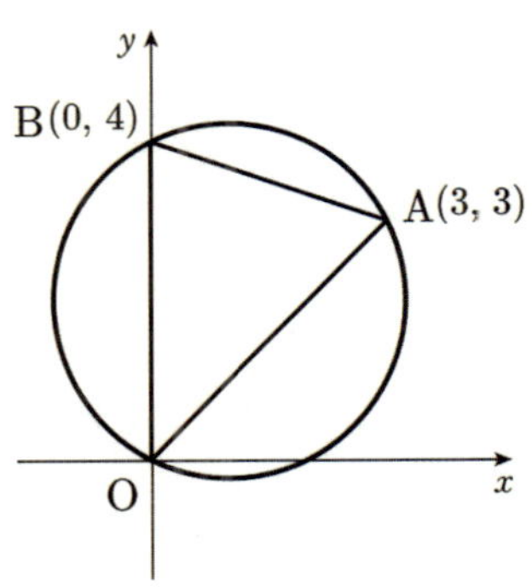

원 $x^2+y^2+2ax-6y+8=0$의 중심이 점 $(-2, b)$일 때, 상수 a, b의 값과 반지름의 길이를 구하시오.

탐구 일반형의 원의 방정식은 표준형의 원의 방정식으로 바꾸어 계산한다.

풀이 주어진 원의 방정식을 표준형으로 바꾸면

$$(x^2+2ax+a^2)+(y^2-6y+9)=-8+9+a^2$$

$$(x+a)^2+(y-3)^2=1+a^2$$

중심 $(-a, 3)=(-2, b)$ $\therefore a=2, \ b=3$

반지름의 길이 $\sqrt{1+a^2}=\sqrt{1+4}=\sqrt{5}$

정답 $a=2, \ b=3$, 반지름의 길이 : $\sqrt{5}$

유제 03-1 원 $x^2+y^2-2ax+4ay-5=0$의 둘레의 길이가 10π일 때, a의 값을 모두 구하시오.

유제 03-2 방정식 $x^2+y^2+2x+y+k=0$의 그래프가 원이 되도록 상수 k의 범위를 구하시오.

강의 **중심이 직선 위에 있는 원의 방정식은 중심을 직선에 대입하라!**

① 중심 $\mathrm{C}(a, b)$ ➡ $y=x$ → $b=a$

   ➡ 원 $(x-a)^2+(y-a)^2=r^2$

② 중심 $\mathrm{C}(a, b)$ ➡ $y=x+3$ → $b=a+3$

   ➡ 원 $(x-a)^2+(y-a-3)^2=r^2$

③ 중심 $\mathrm{C}(a, b)$ ➡ x축 위 → $b=0$

   ➡ 원 $(x-a)^2+y^2=r^2$

④ 중심 $\mathrm{C}(a, b)$ ➡ y축 위 → $a=0$

   ➡ 원 $x^2+(y-b)^2=r^2$

다음 원의 방정식을 구하시오.

(1) 중심이 x축 위에 있고 두 점 $(0, 1)$, $(3, 2)$를 지나는 원

(2) 중심이 직선 $y = -x + 3$ 위에 있고 두 점 $(-2, 3)$, $(4, 1)$을 지나는 원

탐구

① x축 → 반대로 $y = 0$

② 위에 있다, 지난다 → 대입하라!

풀이

(1) 중심이 x축 위에 있으므로 중심을 점 $(a, 0)$으로 놓고 원의 방정식을 만들면

$$(x-a)^2 + y^2 = r^2 \cdots ①$$

$$(0, 1) \to ① \;;\; a^2 + 1 = r^2 \cdots ②$$

$$(3, 2) \to ① \;;\; (3-a)^2 + 4 = r^2 \cdots ③$$

$$③-② \;;\; -6a + 9 + 3 = 0 \qquad \therefore a = 2$$

$$a = 2 \to ② \;;\; r^2 = 5 \qquad \therefore (x-2)^2 + y^2 = 5$$

(2) 중심이 직선 $y = -x + 3$ 위에 있으므로 중심을 점 $(a, -a+3)$으로 놓고 원의 방정식을 만들면

$$(x-a)^2 + (y+a-3)^2 = r^2 \cdots ①$$

$$(-2, 3) \to ① \;;\; (-2-a)^2 + a^2 = r^2$$

$$2a^2 + 4a + 4 = r^2 \cdots ②$$

$$(4, 1) \to ① \;;\; (4-a)^2 + (a-2)^2 = r^2$$

$$2a^2 - 12a + 20 = r^2 \cdots ③$$

$$②-③ \;;\; 16a - 16 = 0 \qquad \therefore a = 1$$

$$a = 1 \to ② \;;\; r^2 = 10 \qquad \therefore (x-1)^2 + (y-2)^2 = 10$$

정답   (1) $(x-2)^2 + y^2 = 5$ (2) $(x-1)^2 + (y-2)^2 = 10$

유제 04-1   중심이 직선 $y = x$ 위에 있고, 두 점 $(1, -1)$, $(3, 5)$를 지나는 원의 방정식을 구하시오.

유제 04-2   중심이 직선 $y = x - 2$ 위에 있고 두 점 $(2, -2)$, $(1, -3)$을 지나는 원의 반지름의 길이를 구하시오.

→ 원의 중심은 선분 AB의 중점이고, 반지름의 길이는 선분 AB의 길이의 반이다.

강의 두 점을 지름의 양 끝으로 하는 원은 중심과 반지름을 구하라!

지름의 양 끝 → [중심 / 반경] ⟩ 원

① 중심 $C\left(\dfrac{x_1+x_2}{2}, \dfrac{y_1+y_2}{2}\right)$

② 반경 $r = \dfrac{\overline{AB}}{2} = \dfrac{\sqrt{(x_2-x_1)^2+(y_2-y_1)^2}}{2}$

→ 원 $\left(x-\dfrac{x_1+x_2}{2}\right)^2 + \left(y-\dfrac{y_1+y_2}{2}\right)^2 = \left(\dfrac{\overline{AB}}{2}\right)^2$

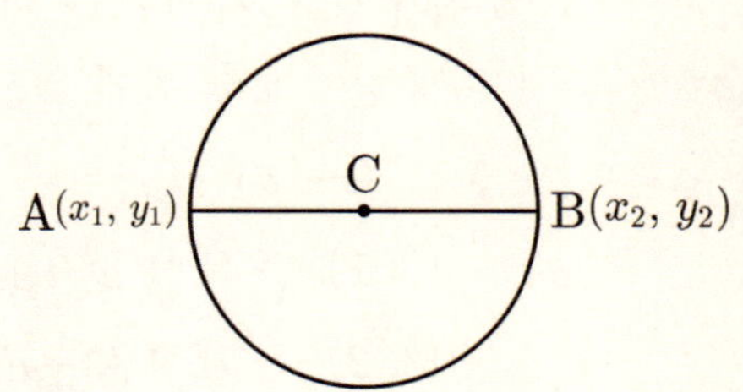

기|본|예|제 **05**

지름의 양 끝이 두 점 $A(3, 1)$, $B(-1, 5)$인 원의 방정식을 구하시오.

탐구 $\overline{AB}$의 중점 C를 구하고, 반지름의 길이 $r = \overline{AC} = \overline{BC}$ 를 구한다.

풀이 구하는 원의 중심은 $\overline{AB}$의 중점이므로 원의 중심 C를 구하면

$$C\left(\dfrac{3-1}{2}, \dfrac{1+5}{2}\right) = C(1, 3)$$

구하는 원의 반지름의 길이는 $\overline{AC}$ 또는 $\overline{BC}$와 같으므로 반지름의 길이 r을 구하면

$$r = \sqrt{(3-1)^2+(1-3)^2} = 2\sqrt{2}$$

따라서 중심이 점 $(1, 3)$이고 반지름의 길이가 $2\sqrt{2}$인 원의 방정식을 구하면

$$(x-1)^2+(y-3)^2 = 8$$

정답 $(x-1)^2+(y-3)^2 = 8$

유제 05-1 두 점 $A(-2, 3)$, $B(4, -1)$을 지름의 양 끝으로 하는 원의 방정식을 구하시오.

유제 05-2 두 점 $A(a, -3)$, $B(5, b)$를 지름의 양 끝으로 하는 원의 중심의 좌표가 $(4, -1)$이고, 원의 반지름의 길이를 r이라 할 때, $a+b+r^2$의 값을 구하시오.

[1] x축에 접하는 원의 방정식

➔ 원 중심의 y좌표의 절댓값과 반지름의 길이가 같다.

➔ $(x-a)^2+(y-r)^2=r^2$ (x축의 위쪽)

➔ $(x-a)^2+(y+r)^2=r^2$ (x축의 아래쪽)

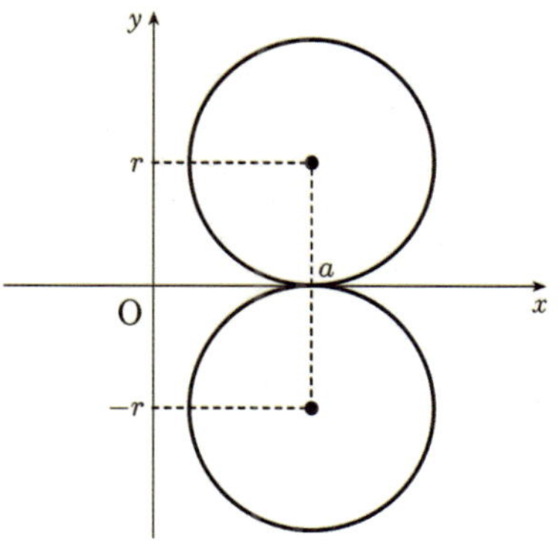

[2] y축에 접하는 원의 방정식

➔ 원 중심의 x좌표의 절댓값과 반지름의 길이가 같다.

➔ $(x-r)^2+(y-b)^2=r^2$ (y축의 오른쪽)

➔ $(x+r)^2+(y-b)^2=r^2$ (y축의 왼쪽)

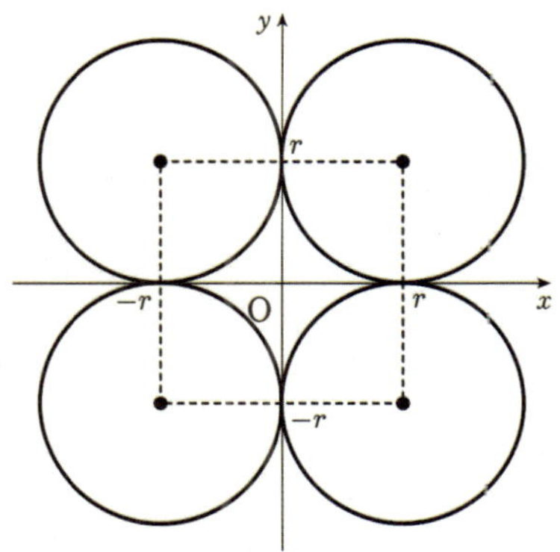

[3] x축 및 y축에 접하는 원의 방정식

➔ 원 중심의 x, y좌표의 절댓값과 반지름의 길이가 같다.

➔ $(x-r)^2+(y-r)^2=r^2$ (제 1 사분면)

➔ $(x+r)^2+(y-r)^2=r^2$ (제 2 사분면)

➔ $(x+r)^2+(y+r)^2=r^2$ (제 3 사분면)

➔ $(x-r)^2+(y+r)^2=r^2$ (제 4 사분면)

강의 **축에 접하는 원의 방정식은 그림에서 '같다'를 찾아라!**

① x축에 접하는 원

➔ 중심의 y좌표 $|b|$＝반지름의 길이 r

➔ $(x-a)^2+(y-b)^2=b^2$

② y축에 접하는 원

➔ 중심의 x좌표 $|a|$＝반지름의 길이 r

➔ $(x-a)^2+(y-b)^2=a^2$

주의 축에 접하는 원의 방정식

① x축에 접한다. ➔ 반대로 y좌표 $|b|=r$

② y축에 접한다. ➔ 반대로 x좌표 $|a|=r$

다음 원의 방정식을 구하시오.

(1) 중심이 점 $(3, 2)$이고 y축에 접하는 원

(2) 중심이 점 $(2, -1)$이고 x축에 접하는 원

탐구 ① y축에 접한다 → 반대로 $|a| = r$ ② x축에 접한다 → 반대로 $|b| = r$

풀이 (1) y축에 접하므로 $r = 3$ $\therefore (x-3)^2 + (y-2)^2 = 9$

(2) x축에 접하므로 $r = 1$ $\therefore (x-2)^2 + (y+1)^2 = 1$

정답 (1) $(x-3)^2 + (y-2)^2 = 9$ (2) $(x-2)^2 + (y+1)^2 = 1$

유제 06-1 두 점 $A(-2, 0)$, $B(1, 6)$을 $2:1$로 내분하는 점을 중심으로 하고 x축에 접하는 원의 방정식을 구하시오.

유제 06-2 y축에 접하는 원 $x^2 + y^2 + 2x + 4ky + 4 = 0$의 중심이 제 3 사분면에 있을 때, 상수 k의 값을 구하시오.

중심이 $y = x + 3$ 위에 있고 점 $(6, 2)$를 지나며 x축에 접하는 원의 방정식을 구하시오.

탐구 x축에 접한다 → 반대로 $|b| = r$

풀이 중심이 $y = x + 3$ 위에 있으므로 중심을 점 $(a, a+3)$이라 놓고 x축에 접하는 원의 방정식을 구하면

$$(x-a)^2 + (y-a-3)^2 = (a+3)^2 \cdots ①$$

①이 $(6, 2)$를 지나므로 대입하여 정리하면

$$(6-a)^2 + (2-a-3)^2 = (a+3)^2$$

$$a^2 - 12a + 36 + a^2 + 2a + 1 = a^2 + 6a + 9$$

$$a^2 - 16a + 28 = 0 \qquad (a-2)(a-14) = 0$$

$$\therefore a = 2 \text{ 또는 } a = 14$$

따라서 구하는 원의 방정식은

$$(x-2)^2 + (y-5)^2 = 25 \text{ 또는 } (x-14)^2 + (y-17)^2 = 289$$

정답 $(x-2)^2 + (y-5)^2 = 25$ 또는 $(x-14)^2 + (y-17)^2 = 289$

유제 07-1 중심이 $y=-x+3$ 위에 있고 점 $(6, 0)$을 지나며 y축에 접하는 원의 방정식을 구하시오.

유제 07-2 중심이 $y=2x$ 위에 있고 점 $(-1, -1)$을 지나며 y축에 접하는 두 원의 중심 사이의 거리를 구하시오.

강의 x축, y축에 동시에 접하는 원의 방정식은 사분면에 따라 중심과 식이 달라진다!

→ $|a|=|b|=r$

① 제 1 사분면 $C(+r, +r)$ → 원 $(x-r)^2+(y-r)^2=r^2$

② 제 2 사분면 $C(-r, +r)$ → 원 $(x+r)^2+(y-r)^2=r^2$

③ 제 3 사분면 $C(-r, -r)$ → 원 $(x+r)^2+(y+r)^2=r^2$

④ 제 4 사분면 $C(+r, -r)$ → 원 $(x-r)^2+(y+r)^2=r^2$

기|본|예|제 **08**

x축과 y축에 동시에 접하는 두 원이 점 $(4, 2)$를 지난다고 할 때, 두 원의 반지름의 길이를 각각 구하시오.

탐구 제 1 사분면 $C(+r, +r)$ → 원 $(x-r)^2+(y-r)^2=r^2$

풀이 점 $(4, 2)$가 제 1 사분면의 점이므로 구하는 원의 중심도 제 1 사분면에 있다.

이 원의 반지름의 길이를 r이라 하면

$$(x-r)^2+(y-r)^2=r^2 \cdots ①$$

①이 $(4, 2)$를 지나므로 대입하여 정리하면

$$(4-r)^2+(2-r)^2=r^2 \qquad r^2-12r+20=0$$

$$(r-2)(r-10)=0 \qquad \therefore r=2, \ r=10$$

정답 2, 10

유제 08-1 점 $(2, 1)$을 지나고, x축, y축에 접하는 원의 방정식을 구하시오.

유제 08-2 점 $(3, 3)$을 지나고, x축 및 y축에 접하는 원이 두 개 있다. 이 두 원의 중심 사이의 거리를 구하시오.

→ 두 점에서 만나는 두 원

$$O : x^2+y^2+ax+by+c=0, \quad O' : x^2+y^2+a'x+b'y+c'=0$$에 대하여

k를 임의의 실수라 하면 $x^2+y^2+ax+by+c+k(x^2+y^2+a'x+b'y+c')=0$은

k의 값에 관계없이 항상 O, O'의 교점을 지난다.

(1) $k \neq -1$일 때 : 두 원의 교점을 지나는 원의 방정식

→ $x^2+y^2+ax+by+c+k(x^2+y^2+a'x+b'y+c')=0$

(이 원은 어떠한 k의 값에 대해서도 원 O'이 될 수는 없다.)

(2) $k = -1$일 때 : 두 원의 교점을 지나는 직선의 방정식, 즉 두 원의 공통현의 방정식

→ $(a-a')x+(b-b')y+(c-c')=0$

강의 두 원의 교점 방정식의 결과는 원과 직선 2가지이다!

→ (원 ①)$+k$(원 ②)$=0$

→ $x^2+y^2+ax+by+c+k(x^2+y^2+a'x+b'y+c')=0$

→ $\begin{cases} k \neq -1일\ 때 \rightarrow 원 \\ k = -1일\ 때 \rightarrow 직선 \end{cases}$

기|본|예|제 09

두 원 $x^2+y^2-6x+6=0$, $x^2+y^2-2x-4y+2=0$의 두 교점과 원점을 지나는 원의 반지름의 길이를 구하시오.

탐구 두 원의 교점 방정식 $\rightarrow$ (원 ①)$+k$(원 ②)$=0$

풀이 두 원의 교점을 지나는 원의 방정식을 구하면

$$(x^2+y^2-6x+6)+k(x^2+y^2-2x-4y+2)=0 \ (단,\ k \neq -1)\ \cdots ①$$

①이 점 $(0, 0)$을 지나므로 대입하여 정리하면

$$6+2k=0 \qquad \therefore k=-3$$

$k=-3$을 ①에 대입하여 원의 방정식을 구하면

$$x^2+y^2-6y=0 \quad x^2+(y-3)^2=3^2$$

따라서 원의 반지름의 길이는 3이다.

정답 3

 두 원 $x^2+y^2-4x+3=0$, $x^2+y^2-2x+2y+1=0$의 두 교점과 점 $(1, 1)$을 지나는 원의 반지름을 구하시오.

유제 09-2 두 원 $x^2+y^2-4x-4y+4=0$, $x^2+y^2-8=0$의 교점을 지나고 x축에 접하는 원의 방정식을 구하시오.

기|본|예|제 10

두 원 $x^2+y^2=10$, $x^2+y^2-8x-6y+15=0$의 공통현의 길이를 구하시오.

탐구 두 원의 교점을 지나는 직선을 구한 후 피타고라스의 정리를 이용한다.

풀이 두 원의 교점을 지나는 직선의 방정식을 구하면

$$x^2+y^2-10-(x^2+y^2-8x-6y+15)=0$$
$$\therefore 8x+6y-25=0$$

원 $x^2+y^2=0$의 중심인 점 $(0, 0)$과 직선 사이의 거리를 구하면

$$\overline{OH}=\frac{|-25|}{\sqrt{8^2+6^2}}=\frac{25}{10}=\frac{5}{2}$$

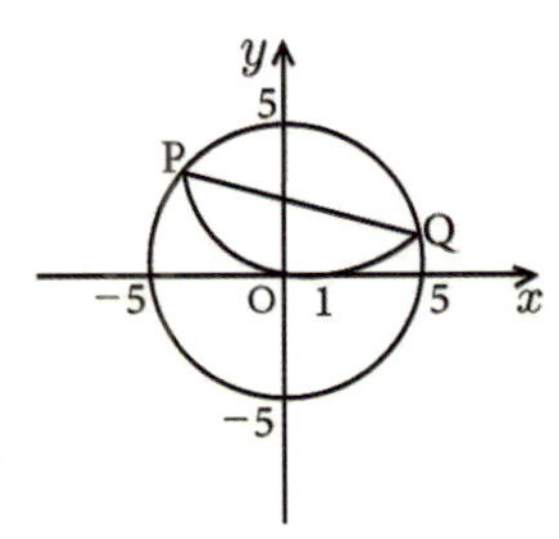

$\overline{OA}=\sqrt{10}$ 이므로 직각삼각형 OAH에서 $\overline{AH}$의 길이를 구하면

$$\overline{AH}=\sqrt{\sqrt{10}^2-\left(\frac{5}{2}\right)^2}=\frac{\sqrt{15}}{2}$$

따라서 공통현의 길이 $\overline{AB}$를 구하면

$$\overline{AB}=2\overline{AH}=\sqrt{15}$$

정답 $\sqrt{15}$

유제 10-1 두 원 $x^2+y^2-4=0$과 $x^2+y^2-2x+4y+2=0$의 공통현의 길이를 구하시오.

유제 10-2 오른쪽 그림과 같이 원 $x^2+y^2=25$의 그래프를 점 $(1, 0)$에서 접하도록 접었을 때, 직선 $\overleftrightarrow{PQ}$의 방정식을 구하시오.

→ 두 정점으로부터의 거리의 비가 일정한 점의 자취이다.

강의 **아폴로니우스의 원은 두 점에서의 거리의 비가 일정한 점의 자취이다!**

→ 비 일정 → 아폴로니우스의 원

기 | 본 | 예 | 제 **11**

두 점 $A(-2, 3)$, $B(2, 5)$로부터 거리의 비가 $2 : 1$인 점의 자취의 방정식을 구하시오.

탐구 $\overline{AP} : \overline{BP} = 2 : 1 \rightarrow \overline{AP} = 2\overline{BP}$

풀이 자취를 구하는 점을 $P(x, y)$라 놓으면

$$\overline{AP} : \overline{BP} = 2 : 1 \quad \overline{AP} = 2\overline{BP}$$

$\overline{AP}^2 = 4\overline{BP}^2$이므로

$$(x+2)^2 + (y-3)^2 = 4\{(x-2)^2 + (y-5)^2\}$$
$$3x^2 + 3y^2 - 20x - 34y + 103 = 0$$
$$x^2 + y^2 - \frac{20}{3}x - \frac{34}{3}y + \frac{103}{3} = 0$$

정답 $x^2 + y^2 - \dfrac{20}{3}x - \dfrac{34}{3}y + \dfrac{103}{3} = 0$

유제 11-1 두 점 $A(-2, 0)$, $B(1, 0)$으로부터의 거리의 비가 $\overline{AP} : \overline{BP} = 2 : 1$을 만족하는 점 $P(x, y)$의 자취의 방정식을 구하시오.

유제 11-2 두 점 $A(1, 0)$, $B(4, 0)$으로부터의 거리의 비가 $2 : 1$인 점 P가 있다. 다음 물음에 답하시오.

(1) 점 P의 자취의 방정식을 구하시오.

(2) 자취의 길이를 구하시오.

(3) $\angle PAB$의 크기의 최댓값을 구하시오.

02 원과 직선

1 원과 직선의 위치 관계

→ 중심과 직선 사이의 거리 d와 반지름의 길이 r을 이용한다.

첫째, 원의 중심과 직선 사이의 거리 d를 구한다.

둘째, d와 r의 관계를 이용한다.

(1) $d < r$

⇔ 두 점에서 만난다.

(2) $d = r$

⇔ 한 점에서 만난다.

(3) $d > r$

⇔ 만나지 않는다

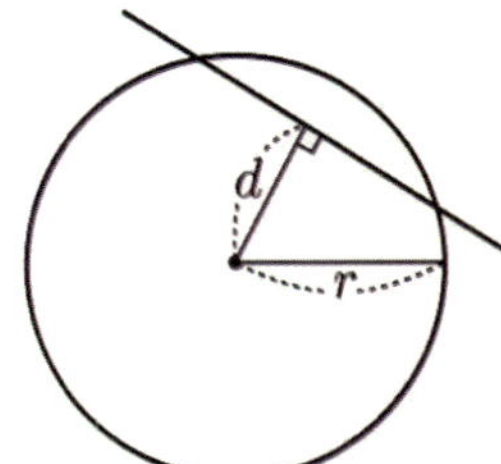 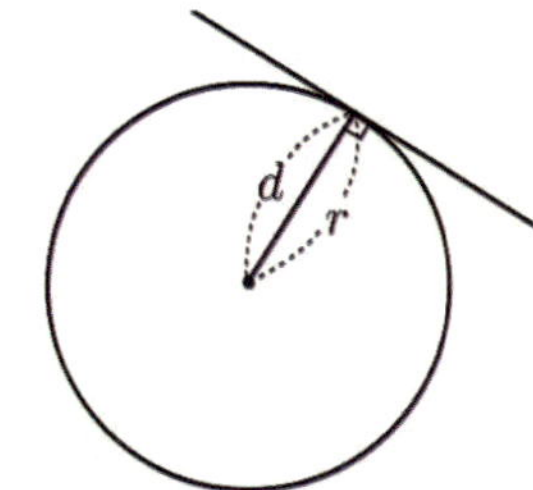 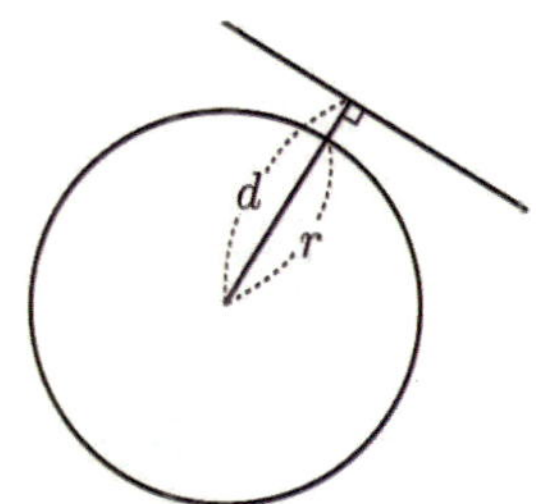

강의 원과 직선에 관한 문제는 판별식을 사용해서는 안 된다!

→ 반드시 d와 r을 이용해야 한다!

① $d < r$ ⇔ 교차

② $d = r$ ⇔ 접선

③ $d > r$ ⇔ 분리

주의 원과 직선의 위치 관계는 판별식을 이용하면 매우 복잡하거나 불가능한 경우도 있으므로 사용하지 않는 것이 바람직하다.

기 | 본 | 예 | 제 12

두 원 $(x-2)^2 + (y-3)^2 = r^2$과 직선 $y = 2x + 3$이 교차할 때, 양수 r의 범위를 구하시오.

탐구 원과 직선과의 관계는 절대로 판별식 D를 사용해서는 안된다. → d와 r의 관계 이용!

풀이 중심이 C(2, 3)이므로 직선 $2x - y + 3 = 0$과 중심 사이의 거리 d는

$$d = \frac{|4-3+3|}{\sqrt{4+1}} = \frac{4}{\sqrt{5}} = \frac{4\sqrt{5}}{5}$$

원과 직선이 교차하는 경우 $d < r$이므로

$$r > \frac{4\sqrt{5}}{5}$$

정답 $r > \dfrac{4\sqrt{5}}{5}$

유제 **12-1** 원 $x^2+y^2=2$와 직선 $x+y=k$가 서로 다른 두 점에서 만나기 위한 상수 k의 범위를 구하시오.

유제 **12-2** 원 $x^2+y^2=4$와 직선 $y=ax+2\sqrt{b}$가 한 점에서 만나게 되는 b의 값의 합을 구하시오. (단, a, b는 10보다 작은 자연수이다.)

기 | 본 | 예 | 제 **13**

원 $x^2+y^2=16$과 직선 $3x+4y-10=0$이 만나서 생기는 현의 길이를 구하시오.

탐구 원의 중심과 직선 사이의 거리를 구한 후 피타고라스 정리를 이용한다.

풀이 오른쪽 그림과 같이 원과 직선의 교점을 각각 A, B라 하고 원의 중심과 직선 사이의 거리를 구하면

$$\overline{OH} = \frac{|-10|}{\sqrt{9+16}} = 2$$

$\overline{OA}=4$ 이므로 직각삼각형 OAH에서

$$\overline{AH} = \sqrt{4^2-2^2} = \sqrt{12} = 2\sqrt{3}$$

따라서 구하는 현의 길이 $\overline{AB}$는

$$\overline{AB} = 2\overline{AH} = 4\sqrt{3}$$

정답 $4\sqrt{3}$

유제 **13-1** 원 $x^2+y^2=4$와 직선 $x-y-1=0$이 만나서 생기는 현의 길이를 구하시오.

유제 **13-2** 원 $x^2+y^2-2x-4y-3=0$을 직선 $y=x+3$으로 자른 현의 길이를 a라 하고 원의 중심과 직선 사이의 거리를 b라 할 때, a^2-b^2의 값을 구하시오.

원 $x^2+y^2-6x-4y-3=0$ 위의 점과 직선 $3x+4y+8=0$ 사이의 거리의 최댓값과 최솟값을 구하시오.

탐구 원의 중심과 직선 사이의 거리를 구한 후 최댓값 $d+r$과 최솟값 $d-r$을 구한다.

풀이 주어진 원의 방정식을 표준형으로 바꾸어
원의 중심과 반지름의 길이를 구하면

$$(x^2-6x+9)+(y^2-4y+4)=16$$
$$(x-3)^2+(y-2)^2=4^2$$
$$\therefore \text{중심 }(3,\,2),\ \text{반지름의 길이} : 4$$

구한 값을 이용하여 그림으로 나타내면
오른쪽과 같다.
원의 중심과 직선 사이의 거리를 구하면

$$d=\frac{|3\times3+4\times2+8|}{\sqrt{9+16}}=\frac{25}{5}=5$$

그림에서 원 위의 점과 직선 사이의 거리의 최댓값은 $5+4=9$이고
최솟값은 $5-4=1$이다.

정답 최댓값 : 9, 최솟값 : 1

유제 14-1 원 $x^2+y^2-2x+4y-3=0$ 위의 점과 직선 $y=x+3$과의 최단거리를 구하시오.

유제 14-2 원 $x^2+y^2-6x-2y+1=0$ 위의 점과 직선 $y=a$와의 거리의 최솟값이 2일 때, a의 값을 구하시오.

유제 14-3 원 $x^2+y^2=4$ 위의 한 점 P와 두 점 A$(0,\,-3)$, B$(4,\,0)$을 꼭짓점으로 하는 삼각형 PAB의 넓이의 최댓값을 구하시오.

[1] 원 $(x-a)^2+(y-b)^2=r^2$ 밖의 한 점 (x_1, y_1)에서 원에 그은 접선의 길이

→ $l=\sqrt{(x_1-a)^2+(y_1-b)^2-r^2}$

[2] 원 $x^2+y^2+ax+by+c=0$ 밖의 한 점 (x_1, y_1)에서 원에 그은 접선의 길이

→ $l=\sqrt{{x_1}^2+{y_1}^2+ax_1+by_1+c}$

강의 접선의 길이 공식은 아래 3단계를 꼭 기억하자!

→ 직각삼각형 → 피타고라스의 정리 이용

→ $\overline{PT}^2=\overline{PC}^2-r^2$

첫째 : 몽땅 이항하고

둘째 : 점을 대입하고

셋째 : $\sqrt{}$ 를 씌운다.

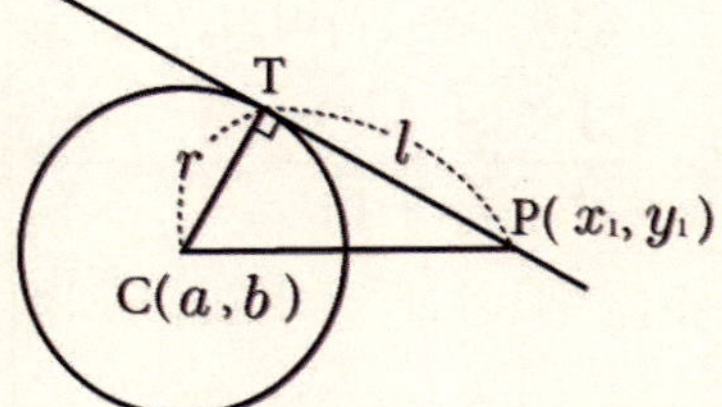

Type 1) 원 $(x-a)^2+(y-b)^2=r^2$ 밖의 한 점 (x_1, y_1)에서 원에 그은 접선의 길이

$l=\sqrt{(x_1-a)^2+(y_1-b)^2-r^2}$

Type 2) 원 $x^2+y^2+ax+by+c=0$ 밖의 한 점 (x_1, y_1)에서 원에 그은 접선의 길이

$l=\sqrt{{x_1}^2+{y_1}^2+ax_1+by_1+c}$

기|본|예|제 15

점 $P(5, 2)$에서 원 $(x-2)^2+(y+3)^2=9$에 그은 접선의 길이를 구하시오.

탐구 접선의 길이 공식은 3단계로 기억해 두면 편리하다.

① 몽땅 이항 → ② 점 대입 → ③ $\sqrt{}$ 씌우기

풀이 몽땅 이항 : $(x-2)^2+(y+3)^2-9=0$ $\cdots$ ①

점 대입 : $P(5, 2)$ → ① ; $(5-2)^2+(2+3)^2-9$

$\sqrt{}$ 씌우기 : $\sqrt{3^2+5^2-9}=5$

정답 5

유제 **15-1**   점 $(2, 1)$에서 원 $(x-4)^2+(y-3)^2=3$에 그은 접선의 길이를 구하시오.

유제 **15-2**   점 $(-1, k)$에서 원 $(x-2)^2+(y-1)^2=5$에 그은 접선의 길이가 $\sqrt{13}$일 때, 양수 k의 값을 구하시오.

기 | 본 | 예 | 제 16

점 $(4, -1)$에서 원 $x^2+y^2+2x+4y+1=0$에 그은 접선의 길이를 구하시오.

탐구   접선의 길이 공식은 3단계로 기억해 두면 편리하다.

① 몽땅 이항 → ② 점 대입 → ③ $\sqrt{}$ 씌우기

풀이   몽땅 이항 : $x^2+y^2+2x+4y+1=0$ … ①

점 대입 : $(4, -1)$ → ① ; $4^2+(-1)^2+2\times4+4\times(-1)+1$

$\sqrt{}$ 씌우기 : $\sqrt{16+1+8-4+1}=\sqrt{22}$

정답 $\sqrt{22}$

유제 **16-1**   점 $(-1, 3)$에서 원 $x^2+y^2-2x+2y-8=0$에 그은 접선의 길이를 구하시오.

유제 **16-2**   점 $(3, a)$에서 원 $x^2+y^2-4x-6y+9=0$에 그은 접선의 길이가 1일 때, a의 값을 구하시오.

(1) 접점 $P(x_1, y_1)$이 주어지는 경우 $x^2+y^2=r^2$의 접선의 방정식

  ➜ $x_1x+y_1y=r^2$

(2) 기울기 m이 주어지는 경우 $x^2+y^2=r^2$의 접선의 방정식

  ➜ $y=mx\pm r\sqrt{1+m^2}$

체크 **원의 접선에 관한 문제의 해법**

① 접선의 공식을 이용한다.

② (원의 중심에서 접선에 이르는 거리) = (반지름)을 이용한다.

강의 **원의 접선 방정식은 접점과 기울기가 주어질 때 사용한다!**

① 접점 → 요령 이용

$$\Rightarrow \begin{bmatrix} x^2 \to x_1x \\ y^2 \to y_1y \end{bmatrix} \Rightarrow \begin{bmatrix} x \to \dfrac{x_1+x}{2} \\ y \to \dfrac{y_1+y}{2} \end{bmatrix}$$

② 기울기 → 공식 이용

$$\Rightarrow y=mx\pm r\sqrt{1+m^2}$$

기 | 본 | 예 | 제 **17**

원 $x^2+y^2=4$ 위의 점 $(\sqrt{2},\ \sqrt{2})$에서의 접선의 방정식을 구하시오.

탐구 원 $x^2+y^2=r^2$ 위의 점 $(x_1,\ y_1)$에서의 접선의 방정식 → $x_1x+y_1y=r^2$

풀이 $x^2+y^2=4$ 위의 점 $(\sqrt{2},\ \sqrt{2})$에서의 접선의 방정식은

$$\sqrt{2}\,x+\sqrt{2}\,y=4$$

$$\therefore\ x+y-2\sqrt{2}=0$$

정답 $x+y-2\sqrt{2}=0$

 원 $x^2+y^2=25$와 직선 $4x+3y=0$이 만나는 점에서의 접선의 방정식을 구하시오.

 원 $(x-2)^2+(y+1)^2=5$ 위의 점 $(3, 1)$에서의 접선의 방정식을 구하시오.

기 | 본 | 예 | 제 **18**

원 $x^2+y^2=9$에 접하고 기울기가 2인 접선의 방정식을 구하시오.

탐구   원 $x^2+y^2=r^2$에 접하고 기울기가 m인 접선의 방정식 $\rightarrow y=mx\pm r\sqrt{1+m^2}$

풀이 $x^2+y^2=9$에 접하고 $m=2$인 접선의 방정식은

$$y=2x\pm 3\sqrt{1+2^2}$$

$$\therefore y=2x\pm 3\sqrt{5}$$

정답 $y=2x\pm 3\sqrt{5}$

---

 x축의 양의 방향과 60°를 이루고, 원 $x^2+y^2=4$에 접하는 접선의 방정식을 구하시오.

 원 $x^2+y^2=25$에 접하고 $y=-4x+5$에 수직인 직선의 x축과의 교점의 좌표를 구하시오.

첫째, 기울기가 m이고 한 점 (a, b)를 지나는 접선의 방정식을 세운다.
둘째, 원의 중심과 반지름의 길이를 구한다.
셋째, 원의 중심과 접선 사이의 거리와 반지름의 길이가 같음을 이용한다.

> **강의** **원 밖의 점 (a, b)에서의 접선은 먼저 방정식을 세우고 생각한다.**
>
> 첫째, 기울기 m, 한 점 (a, b)인 접선 $\rightarrow y - b = m(x - a)$
>
> 둘째, 원의 중심과 반지름의 길이 $\rightarrow$ C, r
>
> 셋째, (원의 중심과 접선 사이의 거리)=(반지름의 길이) 이용 $\rightarrow d = r$

기 | 본 | 예 | 제 19

점 $(-1, 2)$에서 $x^2 + y^2 = 4$에 그은 접선의 방정식을 구하시오.

탐구 기울기 m인 접선의 방정식을 설정하여 원의 중심과 접선 사이의 거리와 반지름이 같음을 이용한다.

풀이 기울기 m, 점 $(-1, 2)$를 지나는 접선의 방정식을 구하면

$$y - 2 = m(x + 1) \qquad \therefore mx - y + 2 + m = 0 \ \cdots ①$$

원의 중심 $(0, 0)$과 ① 사이의 거리를 구하면

$$d = \frac{|2 + m|}{\sqrt{m^2 + 1}}$$

①이 원의 접선이므로 $d = r$이어야 한다.

$$\frac{|2 + m|}{\sqrt{m^2 + 1}} = 2 \text{ 에서 } m(3m - 4) = 0 \qquad \therefore m = 0 \text{ 또는 } m = \frac{4}{3}$$

ⅰ) $m = 0 \rightarrow ① ; y = 2$

ⅱ) $m = \dfrac{4}{3} \rightarrow ① ; 4x - 3y + 10 = 0$

정답 $y = 2$ 또는 $4x - 3y + 10 = 0$

유제 19-1 점 $(3, 1)$을 지나면서 원 $x^2 + y^2 = 5$에 접하는 직선의 방정식을 구하시오.

유제 19-2 점 $A(-5, -4)$에서 원 $(x - 1)^2 + (y - 2)^2 = 9$에 그은 두 접선의 기울기의 곱을 구하시오.

→ 큰 원의 중심을 C, 반지름의 길이를 r이라 하고 작은 원의 중심을 C′, 반지름의 길이를 r'이라 할 때,

[1] 분리 : $\overline{CC'} > r+r'$

[2] 외접 : $\overline{CC'} = r+r'$

[3] 교차 : $r-r' < \overline{CC'} < r+r'$

[4] 내접 : $r-r' = \overline{CC'}$

[5] 포함 : $r-r' > \overline{CC'}$

강의 원과 원의 위치 관계는 $\overline{CC'}$ 과 r, r' 을 이용한다!

→ 두 원의 그림을 보고

r, r' 와 $\overline{CC'}$ 을 이용한다!

① 외접 → $\overline{CC'} = r+r'$

② 내접 → $\overline{CC'} = r-r'$

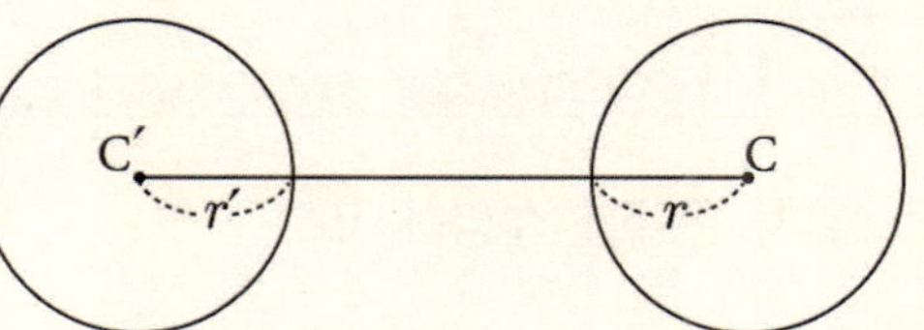

주의 직교(두 원의 교점에서 접선이 직교) → $\overline{CC'}^2 = r^2 + r'^2$

기 | 본 | 예 | 제 20

두 원 $x^2+y^2-8x-6y+21=0$ 과 $x^2+y^2-6x+2y-k^2+10=0$ 이 서로 접할 때, k의 값을 구하시오. (단, $k>0$)

탐구　① 두 원이 외접 → $\overline{CC'} = r+r'$

　② 두 원이 내접 → $\overline{CC'} = r-r'$ (단, $r > r'$)

풀이　$x^2+y^2-8x-6y+21=0$ 에서 $(x-4)^2+(y-3)^2=2^2$

　　중심 C$(4, 3)$, 반지름의 길이 2

　$x^2+y^2-6x+2y-k^2+10=0$ 에서 $(x-3)^2+(y+1)^2=k^2$

　　중심 C′$(3, -1)$, 반지름의 길이 k

　$d = \overline{CC'} = \sqrt{(4-3)^2+(3+1)^2} = \sqrt{17}$

　i) 외접 ; $k+2 = \sqrt{17}$　∴ $k = \sqrt{17}-2$

　ii) 내접 ; $|k-2| = \sqrt{17}$　$k-2 = \pm\sqrt{17}$　∴ $k = 2+\sqrt{17}$ $(\because k>0)$

정답　$k = \sqrt{17}-2$ 또는 $k = 2+\sqrt{17}$

그림과 같이 원 O에 내접하는 두 원 A, B가 서로 외접하고 있다. 세 원의 중심 O, A, B에 대하여 $\overline{OA}=2$, $\overline{OB}=3.5$, $\overline{AB}=4.5$일 때, 세 원 O, A, B의 반지름의 길이를 구하시오.

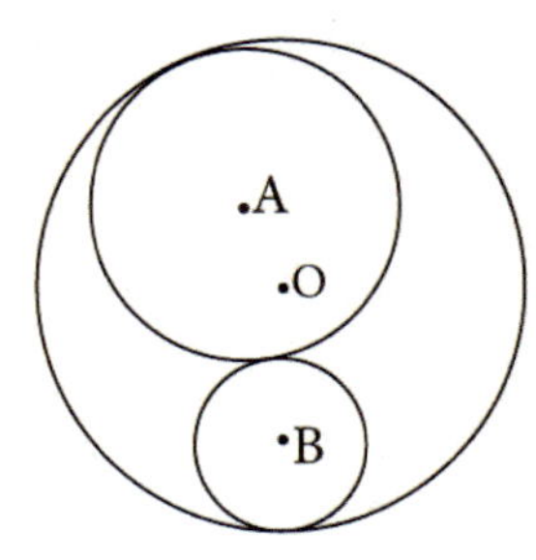

유제 20-2 원 $x^2+y^2-8x-4y+11=0$에 원 $x^2+y^2-6x-4y+13-a^2=0$이 내접하고 원 $x^2+y^2-8x+6y+25-b^2=0$은 외접할 때, 양수 a, b에 대하여 $a-b$의 값을 구하시오. (단, $a<3$)

기 | 본 | 예 | 제 21

다음 두 원의 위치 관계를 설명하시오.

$O:\ x^2+y^2=9$

$O':\ (x-2)^2+(y+1)^2=16$

탐구 두 원의 위치관계는 중심거리와 반지름의 길이를 이용하여 판단한다.

풀이 원 O의 중심은 $(0,0)$, 반지름의 길이는 3이고, 원 O'의 중심은 $(2,-1)$, 반지름의 길이는 4이다.

두 원의 중심 사이의 거리를 구하면

$$d=\sqrt{2^2+(-1)^2}=\sqrt{5}$$

$4-3<\sqrt{5}<4+3$이므로 두 원은 서로 다른 두 점에서 만난다.

정답 서로 다른 두 점에서 만난다.

유제 21-1 다음 두 원의 위치 관계를 설명하시오.

$O:\ (x-1)^2+(y-1)^2=5$

$O':\ (x+3)^2+(y+2)^2=4$

유제 21-2 두 원 $x^2+y^2=8$, $(x-1)^2+(y-1)^2=r^2$이 서로 다른 두 점에서 만나기 위한 r의 값의 범위를 구하시오.

[1] 공통접선

➜ 두 원에 동시에 접하는 직선을 **공통접선**이라 한다. 이때 공통접선에 대하여 두 원이 같은 쪽에 있으면 **공통외접선**, 반대쪽에 있으면 **공통내접선**이라 한다.

[2] 공통접선의 길이

➜ 공통접선의 두 접점 사이의 거리를 **공통접선의 길이**라 한다.
두 원이 반지름의 길이가 $r,\ r'$이고 중심거리가 d일 때,
(1) 공통외접선의 길이

➜ $\sqrt{d^2-(r-r')^2}$

$$\overline{AB}=\overline{A'C'}=\sqrt{d^2-(r-r')^2}$$

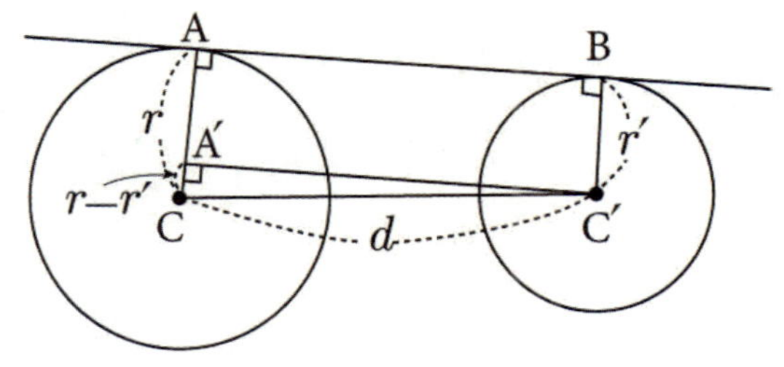

(2) 공통내접선의 길이

➜ $\sqrt{d^2-(r+r')^2}$

$$\overline{AB}=\overline{A'C'}=\sqrt{d^2-(r+r')^2}$$

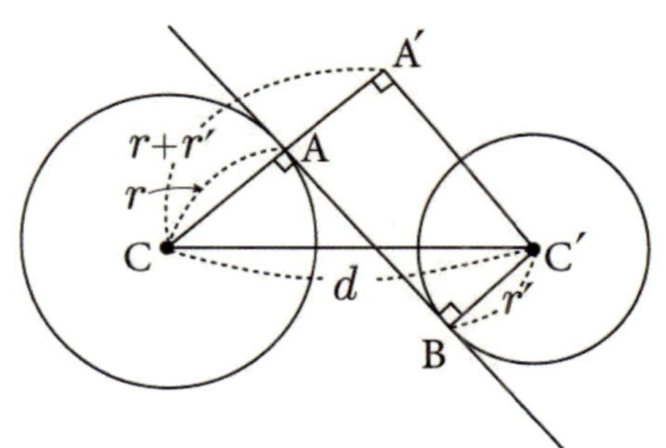

강의 공통접선의 길이는 평행이동하여 직각삼각형을 만들어 구한다!

➜ 평행이동 → 직각삼각형 → 피타고라스의 정리 이용

① 외접 → 평행이동 → 한 변 : $r-r'$

$\rightarrow l=\sqrt{\overline{CC'}^2-(r-r')^2}$

② 내접 → 평행이동 → 한 변 : $r+r'$

$\rightarrow l=\sqrt{\overline{CC'}^2-(r+r')^2}$

두 원 $(x+2)^2+(y-3)^2=25$와 $(x-3)^2+(y+4)^2=9$가 한 직선에 동시에 접할 때, 두 접점 사이의 거리를 구하시오.

탐구 공통외접선의 길이 $\rightarrow l=\sqrt{\overline{CC'}^2-(r-r')^2}$

공통내접선의 길이 $\rightarrow l=\sqrt{\overline{CC'}^2-(r+r')^2}$

풀이 $(x+2)^2+(y-3)^2=25$에서 중심 $C(-2, 3)$, 반지름의 길이 $r=5$

$(x-3)^2+(y+4)^2=9$에서 중심 $C'(3, -4)$, 반지름의 길이 $r'=3$

$$d=\overline{CC'}=\sqrt{(-2-3)^2+(3+4)^2}=\sqrt{74}$$

$$r-r'=2,\ r+r'=8$$

i) 공통외접선의 길이 $l=\sqrt{d^2-(r-r')^2}=\sqrt{(\sqrt{74})^2-2^2}=\sqrt{70}$

ii) 공통내접선의 길이 $l=\sqrt{d^2-(r+r')^2}=\sqrt{(\sqrt{74})^2-8^2}=\sqrt{10}$

정답 $\sqrt{70}$ 또는 $\sqrt{10}$

유제 22-1 오른쪽 그림과 같이 두 원 $(x-6)^2+y^2=9$, $x^2+(y-5)^2=4$에 동시에 접하는 직선과 두 원과의 교점을 각각 A, B라 할 때, $\overline{AB}$의 길이를 구하시오.

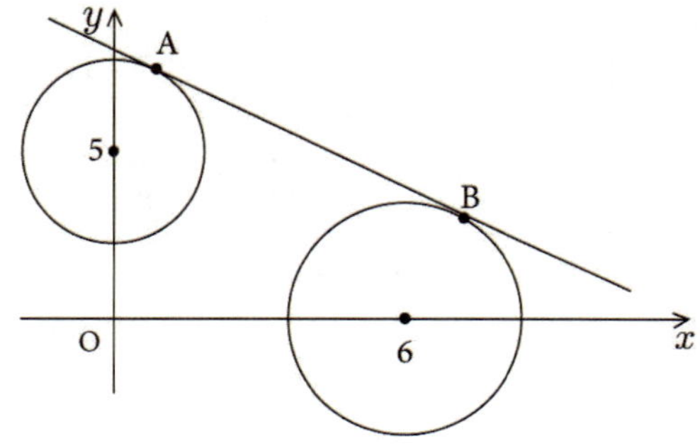

유제 22-2 오른쪽 그림과 같이 두 원 $(x-3)^2+(y-1)^2=4$, $(x+2)^2+(y-1)^2=1$에 동시에 접하는 직선과 두 원과의 교점을 각각 A, B라 할 때, $\overline{AB}$의 길이를 구하시오.

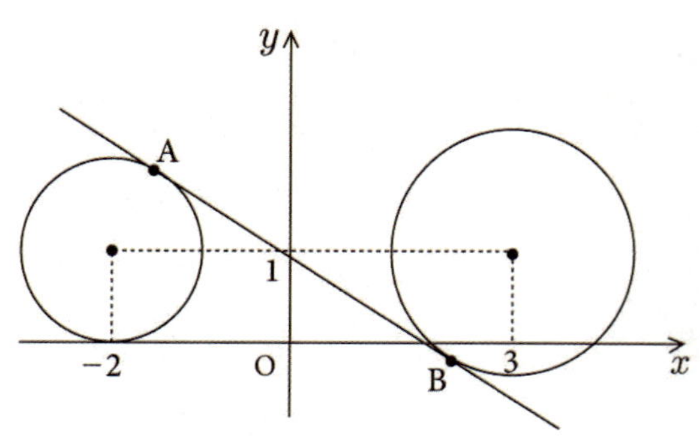

반복학습 기록란.

가장 좋은 학습방법은 학교에서나 학원에서나 선생님의 강의를 열심히 듣고 여러 번 반복학습하는 것입니다.
지금부터 당장 선생님의 강의를 열심히 듣고 반복! 반복하십시오. 그러면 곧 모든 과목에 자신이 생길 것입니다.

회수	시작이 반!			끝을 봐야!			혹인
제1회	년	월	일 부터	년	월	일 까지	
제2회	년	월	일 부터	년	월	일 까지	
제3회	년	월	일 부터	년	월	일 까지	
제4회	년	월	일 부터	년	월	일 까지	
제5회	년	월	일 부터	년	월	일 까지	
제6회	년	월	일 부터	년	월	일 까지	
제7회	년	월	일 부터	년	월	일 까지	
제8회	년	월	일 부터	년	월	일 까지	
제9회	년	월	일 부터	년	월	일 까지	
제10회	년	월	일 부터	년	월	일 까지	

> ▶ 연습문제 A는 앞에서 배운 기초 단계의 문제이므로 선생님의 도움 없이 스스로
> 풀어 자신의 실력을 점검해 보도록 하자.

01 반지름의 길이가 5cm인 원의 둘레의 길이와 넓이를 구하시오.

02 다음 그림에서 x의 값을 구하시오.

(1)   (2)

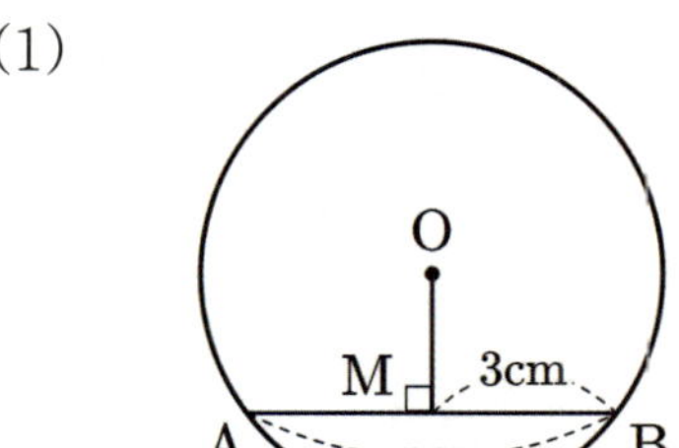

(3)   (4)

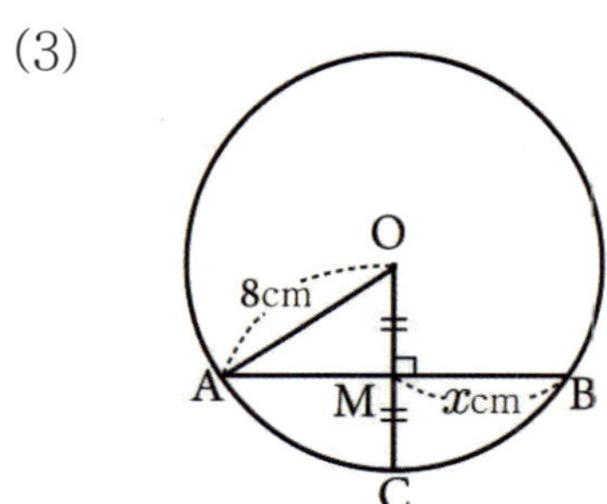 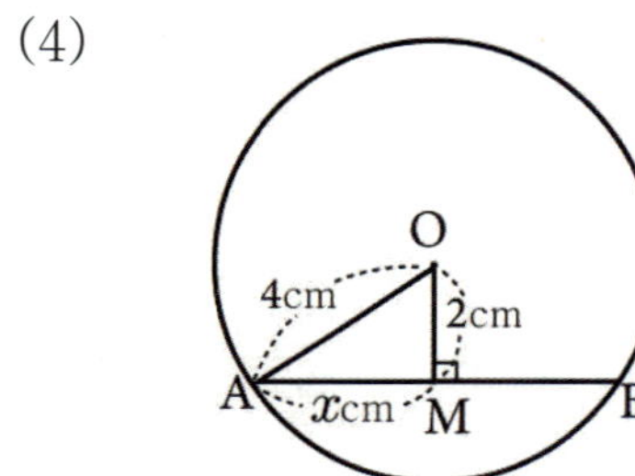

03 오른쪽 그림에서 $\overline{\mathrm{PT}}$의 길이를 구하시오.
$(\overleftrightarrow{\mathrm{PT}}$는 원 O의 접선이다.$)$

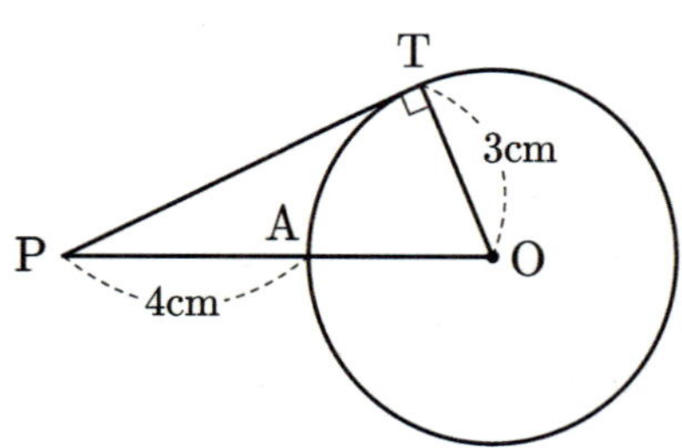

04 점 $\mathrm{C}(2, 3)$에서 거리가 5인 점 $\mathrm{P}(x, y)$의 자취를 구하시오.

05 다음 원의 방정식을 구하시오.

(1) 중심이 원점이고 반지름의 길이가 3인 원

(2) 중심이 점 $(1, -3)$이고 점 $(2, 0)$을 지나는 원

(3) 세 점 $(0, 0)$, $(4, 0)$, $(4, 2)$를 지나는 원

06 원 $x^2 + y^2 + 2ax - 6y + 8 = 0$의 중심이 점 $(-2, b)$일 때, 상수 a, b의 값과 반지름의 길이를 구하시오.

07 다음 원의 방정식을 구하시오.

(1) 중심이 x축 위에 있고 두 점 $(0, 1)$, $(3, 2)$를 지나는 원

(2) 중심이 직선 $y = -x + 3$ 위에 있고 두 점 $(-2, 3)$, $(4, 1)$을 지나는 원

08 지름의 양 끝이 두 점 $\mathrm{A}(3, 1)$, $\mathrm{B}(-1, 5)$인 원의 방정식을 구하시오.

09 다음 원의 방정식을 구하시오.

(1) 중심이 점 $(3, 2)$이고 y축에 접하는 원

(2) 중심이 점 $(2, -1)$이고 x축에 접하는 원

10 중심이 $y = x + 3$ 위에 있고 점 $(6, 2)$를 지나며 x축에 접하는 원의 방정식을 구하시오.

11 x축과 y축에 동시에 접하는 두 원이 점 $(4, 2)$를 지난다고 할 때, 두 원의 반지름의 길이를 각각 구하시오.

12 두 원 $x^2 + y^2 - 6x + 6 = 0$, $x^2 + y^2 - 2x - 4y + 2 = 0$의 두 교점과 원점을 지나는 원의 반지름의 길이를 구하시오.

13 두 원 $x^2 + y^2 = 10$, $x^2 + y^2 - 8x - 6y + 15 = 0$의 공통현의 길이를 구하시오.

14 두 점 $A(-2, 3)$, $B(2, 5)$로부터 거리의 비가 $2 : 1$인 점의 자취의 방정식을 구하시오.

15 두 원 $(x - 2)^2 + (y - 3)^2 = r^2$과 직선 $y = 2x + 3$이 교차할 때, 양수 r의 범위를 구하시오.

16 원 $x^2+y^2=16$과 직선 $3x+4y-10=0$이 만나서 생기는 현의 길이를 구하시오.

17 원 $x^2+y^2-6x-4y-3=0$ 위의 점과 직선 $3x+4y+8=0$ 사이의 거리의 최댓값 M과 최솟값 m을 구하시오.

18 점 $P(5, 2)$에서 원 $(x-2)^2+(y+3)^2=9$에 그은 접선의 길이 l을 구하시오.

19 점 $(-1, 3)$에서 원 $x^2+y^2-2x+2y-8=0$에 그은 접선의 길이를 구하시오.

20 원 $x^2+y^2=4$ 위의 점 $(\sqrt{2}, \sqrt{2})$에서의 접선의 방정식을 구하시오.

21 원 $x^2+y^2=9$에 접하고 기울기가 2인 접선의 방정식을 구하시오.

22 점 $(-1, 2)$에서 $x^2+y^2=4$에 그은 접선의 방정식을 구하시오.

23 두 원 $x^2+y^2-8x-6y+21=0$과 $x^2+y^2-6x+2y-k^2+10=0$이 서로 접할 때, k의 값을 구하시오. (단, $k>0$)

24 다음 두 원의 위치 관계를 설명하시오.
$O:\ x^2+y^2=9$
$O':\ (x-2)^2+(y+1)^2=16$

25 오른쪽 그림과 같이 두 원 $(x-6)^2+y^2=9$, $x^2+(y-5)^2=4$에 동시에 접하는 직선과 두 원과의 교점을 각각 A, B라 할 때, $\overline{AB}$의 길이를 구하시오.

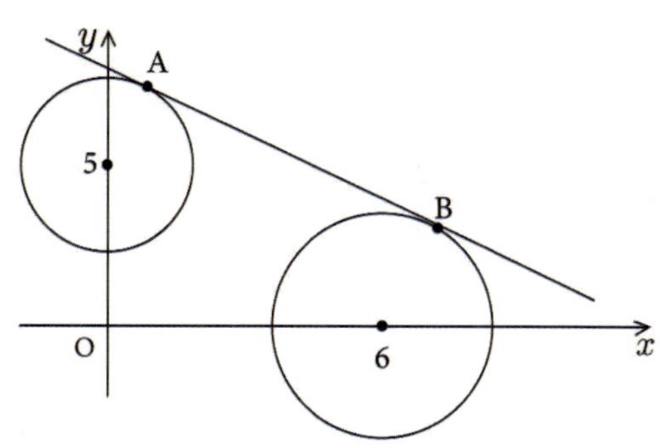

▶ 연습문제 B는 앞에서 배운 중급 단계의 문제이므로 선생님의 도움 없이 스스로
풀어 자신의 실력을 점검해 보도록 하자.

01 다음 그림에서 색칠한 부분의 둘레의 길이와 넓이를 구하시오.

(1)   (2)

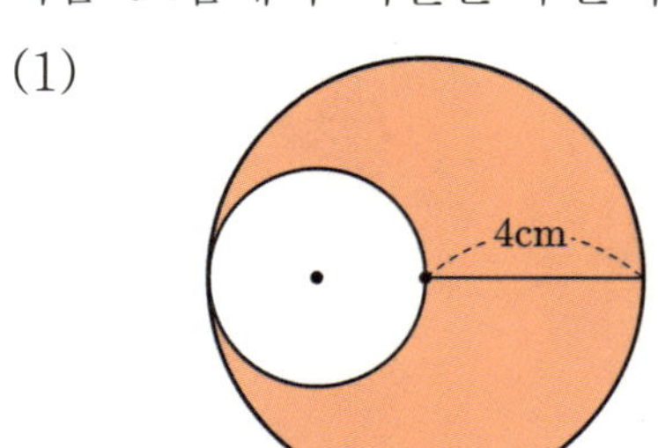

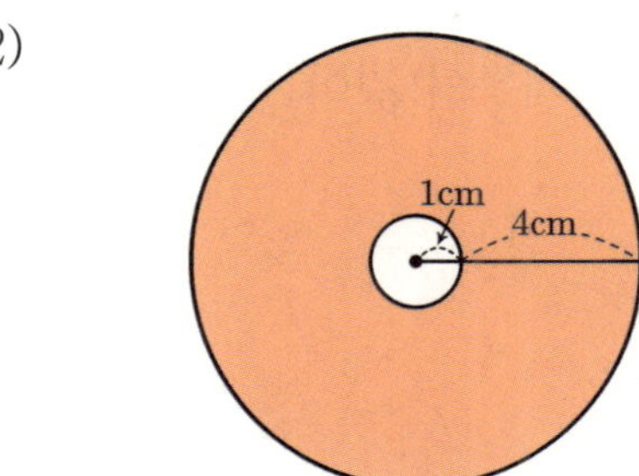

02 오른쪽 그림에서 색칠한 부분의
넓이를 구하시오.

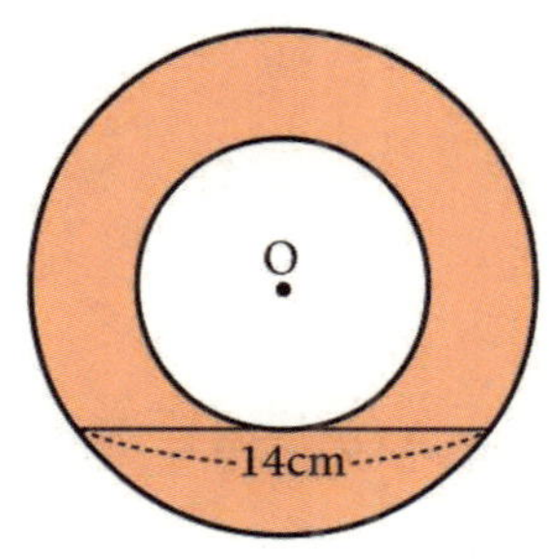

03 오른쪽 그림에서 △ABC의 둘레의
길이를 구하시오.

($\overleftrightarrow{AD}$, $\overleftrightarrow{AE}$, $\overleftrightarrow{BC}$는 원 O의 접선이다.)

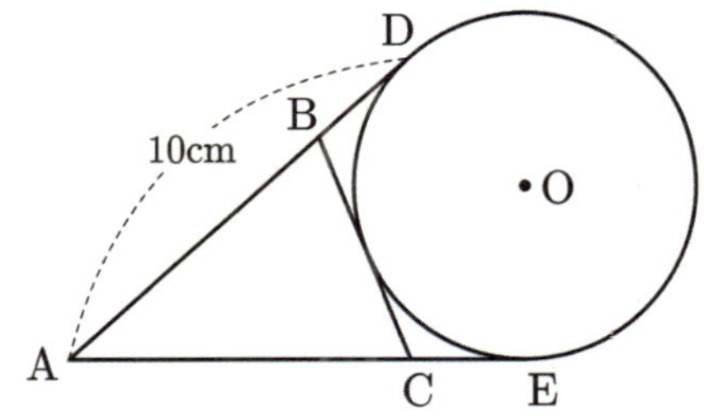

04 중심이 $C(-2, 2)$이고 반지름의 길이가 4인 점 $P(a, 4)$가 있다. 이때 모든 a의 값의
곱을 구하시오.

05 원 $x^2+y^2+ax+by+c=0$이 세 점
O$(0,0)$, A$(3,3)$, B$(0,4)$를 지날 때,
다음을 구하시오.

(1) a,b,c의 값

(2) $\triangle$OAB에 외접하는 원의 중심의 좌표와
반지름의 길이

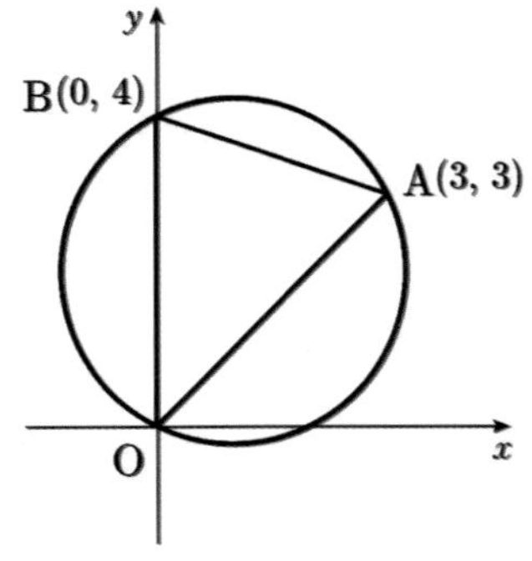

06 방정식 $x^2+y^2+2x+y+k=0$의 그래프가 원이 되도록 상수 k의 범위를 구하시오.

07 두 점 A$(a,-3)$, B$(5,b)$를 지름의 양 끝으로 하는 원의 중심의 좌표가 $(4,-1)$이고, 원의 반지름의 길이를 r이라 할 때, $a+b+r^2$의 값을 구하시오.

08 y축에 접하는 원 $x^2+y^2+2x+4ky+4=0$의 중심이 제 3 사분면에 있을 때, 상수 k의 값을 구하시오.

09 중심이 $y=2x$ 위에 있고 점 $(-1,-1)$을 지나며 y축에 접하는 두 원의 중심 사이의 거리를 구하시오.

10 점 $(3, 3)$을 지나고, x축 및 y축에 접하는 원이 두 개 있다. 이 두 원의 중심 사이의 거리를 구하시오.

11 두 원 $x^2+y^2-4x-4y+4=0$, $x^2+y^2-8=0$의 교점을 지나고 x축에 접하는 원의 방정식을 구하시오.

12 오른쪽 그림과 같이 원 $x^2+y^2=25$의 그래프를 점 $(1, 0)$에서 접하도록 접었을 때, 직선 $\overleftrightarrow{PQ}$의 방정식을 구하시오.

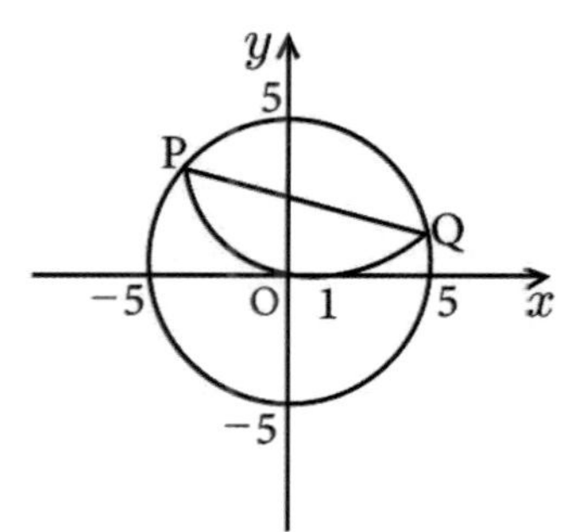

13 두 점 $A(1, 0)$, $B(4, 0)$으로부터의 거리의 비가 $2:1$인 점 P가 있다. 다음 물음에 답하시오.
(1) 점 P의 자취의 방정식을 구하시오.
(2) 자취의 길이를 구하시오.
(3) $\angle PAB$의 크기의 최댓값을 구하시오.

14 원 $x^2+y^2=4$와 직선 $y=ax+2\sqrt{b}$가 한 점에서 만나게 되는 b의 값의 합을 구하시오. (단, a, b는 10보다 작은 자연수이다.)

15   원 $x^2+y^2-2x-4y-3=0$을 직선 $y=x+3$으로 자른 현의 길이를 a라 하고 원의 중심과 직선 사이의 거리를 b라 할 때, a^2-b^2의 값을 구하시오.

16   원 $x^2+y^2=4$ 위의 한 점 P와 두 점 $\mathrm{A}(0, -3)$, $\mathrm{B}(4, 0)$을 꼭짓점으로 하는 삼각형 PAB의 넓이의 최댓값을 구하시오.

17   점 $(-1, k)$에서 원 $(x-2)^2+(y-1)^2=5$에 그은 접선의 길이가 $\sqrt{13}$일 때, 양수 k의 값을 구하시오.

18   점 $(3, a)$에서 원 $x^2+y^2-4x-6y+9=0$에 그은 접선의 길이가 1일 때, a의 값을 구하시오.

19   원 $x^2+y^2=25$와 직선 $4x+3y=0$이 만나는 점에서의 접선의 방정식을 구하시오.

20   원 $(x-2)^2+(y+1)^2=5$ 위의 점 $(3, 1)$에서의 접선의 방정식을 구하시오.

21 원 $x^2+y^2=25$에 접하고 $y=-4x+5$에 수직인 직선의 x축과의 교점의 좌표를 구하시오.

22 점 $A(-5, -4)$에서 원 $(x-1)^2+(y-2)^2=9$에 그은 두 접선의 기울기의 곱을 구하시오.

23 원 $x^2+y^2-8x-4y+11=0$에 원 $x^2+y^2-6x-4y+13-a^2=0$이 내접하고 원 $x^2+y^2-8x+6y+25-b^2=0$은 외접할 때, 양수 a, b에 대하여 $a-b$의 값을 구하시오. (단, $a<3$)

24 두 원 $x^2+y^2=8$, $(x-1)^2+(y-1)^2=r^2$이 서로 다른 두 점에서 만나기 위한 r의 값의 범위를 구하시오.

25 두 원 $(x+2)^2+(y-3)^2=25$와 $(x-3)^2+(y+4)^2=9$가 한 직선에 동시에 접할 때, 두 접점 사이의 거리를 구하시오.

MEMO

P A R T

03

도형의 이동

- ◆ 중·고교 연결과정 선수학습
- **1** 평행이동
- **2** 대칭이동
- ◆ 반복학습 기록란
- ◆ 연습문제 (A) (B)

위험을 감수하지 않으면 더한 위험이 찾아온다.

- 에리카 종 -

1 식과 점의 평행이동

→ $y=ax^2$의 그래프의 꼭짓점은 $(0, 0)$이다. 이 그래프를 x축의 방향으로 m만큼, y축의 방향으로 n만큼 평행이동하면 식은 $y-n=a(x-m)^2$이고 꼭짓점은 $(0+m, 0+n)$이 된다.

강의 **식과 점의 평행이동은 부호가 서로 반대이다!**

→ x축 방향 m, y축 방향 n만큼 평행이동

① 식 → x 대신 $(x-m)$, y 대신 $(y-n)$ 대입

② 점 → (x좌표$+m$, y좌표$+n$)

＞ 반대현상

기|본|예|제 01

다음을 x축의 방향으로 2만큼, y축의 방향으로 1만큼 평행이동하시오.

(1) $y=2x$ (2) $(2, -1)$

탐구 식과 점의 평행이동은 부호가 서로 반대이다.

풀이 (1) 식의 평행이동은 부호가 반대이므로 x 대신 $x-2$, y 대신 $y-1$을 대입하면

$$y-1=2(x-2) \qquad \therefore y=2x-3$$

(2) 점의 평행이동은 부호가 그대로이므로 x 대신 $x+2$, y 대신 $y+1$을 대입하면

$$(2+2, -1+1)=(4, 0)$$

정답 (1) $y=2x-3$ (2) $(4, 0)$

유제 01-1 다음을 x축의 방향으로 -1만큼, y축의 방향으로 3만큼 평행이동하시오.

(1) $y=-x+2$ (2) $(4, 3)$

유제 01-2 이차함수 $y=x^2+2$의 꼭짓점을 C라 하자. 이 함수의 그래프를 x축의 방향으로 -2만큼, y축의 방향으로 -1만큼 평행이동하였을 때의 식과 그 때의 꼭짓점 C′의 좌표를 구하시오.

01 평행이동

1 도형의 평행이동

→ x축의 방향으로 α만큼, y축의 방향으로 β만큼 도형을 평행이동하면

[1] 점 $\mathrm{P}(x_1, y_1)$의 평행이동

→ x값에는 α를, y값에는 β를 더한다.

→ 평행이동한 점 $\mathrm{P}'(x_1+\alpha, y_1+\beta)$

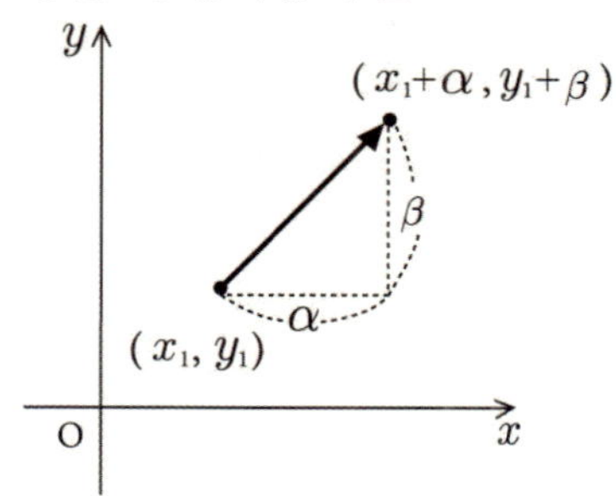

[2] 도형의 방정식 $f(x, y)=0$의 평행이동

→ x 대신 $x-\alpha$를, y 대신 $y-\beta$를 대입한다.

→ 평행이동한 도형의 방정식 $f(x-\alpha, y-\beta)=0$

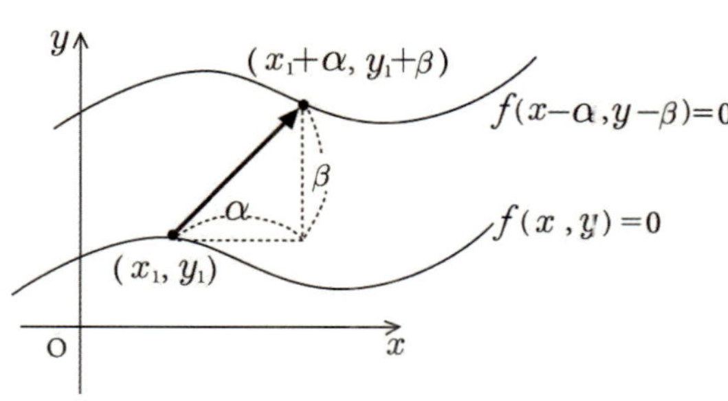

체크 $f(x, y)=0$ 의 평행이동

① x축의 양의 방향으로 a만큼 평행이동하면
x축의 우측 방향으로 a만큼 평행이동하면
x축의 방향으로 $+a$만큼 평행이동하면
→ x 대신 $x-a$를 대입해야 한다.

② x축의 음의 방향으로 a만큼 평행이동하면
x축의 좌측 방향으로 a만큼 평행이동하면
x축의 방향으로 $-a$만큼 평행이동하면
→ x 대신 $x+a$를 대입해야 한다.

강의 식과 값의 평행이동은 부호가 서로 반대이다!

(1) 기준 : x축 방향 $+\alpha$, y축 방향 $+\beta$만큼 평행이동

① 식 → x 대신 $x-\alpha$, y 대신 $y-\beta$ 대입
② 값 → x값 $+\alpha$, y값 $+\beta$
⟩ 반대현상

(2) 기준 : x축 방향 $-\alpha$, y축 방향 $-\beta$만큼 평행이동

① 식 → x 대신 $x+\alpha$, y 대신 $y+\beta$ 대입
② 값 → x값 $-\alpha$, y값 $-\beta$
⟩ 반대현상

다음을 x축의 방향으로 $+3$만큼, y축의 방향으로 -2만큼 평행이동하시오.

(1) $x^2+y^2=9$ (2) $(0, 0)$

탐구   식과 값의 평행이동은 서로 부호가 반대이다.

풀이   (1) 식의 평행이동은 부호가 반대이므로 $\begin{cases} x \text{ 대신 } x-3 \\ y \text{ 대신 } y+2 \end{cases}$

$$\therefore (x-3)^2+(y+2)^2=9$$

(2) 값의 평행이동은 부호가 그대로이므로 $\begin{cases} x_1 \text{ 대신 } x_1+3 \\ y_1 \text{ 대신 } y_1-2 \end{cases}$

$$\therefore (0+3, 0-2)=(3, -2)$$

정답   (1) $(x-3)^2+(y+2)^2=9$ (2) $(3, -2)$

유제 01-1   원 $x^2+y^2=5^2$을 다음과 같이 평행이동한 원의 방정식을 구하시오.

(1) x축의 방향으로 3만큼 평행이동

(2) y축의 방향으로 -2만큼 평행이동

(3) x축의 방향으로 3만큼, y축의 방향으로 -2만큼 평행이동

유제 01-2 2보다 큰 실수 k에 대하여 원 $x^2+y^2=2$를 x축의 방향으로 k만큼, y축의 방향으로 k만큼 평행이동한 원을 C라 하자. 원 $x^2+y^2=2$ 위의 점 $\mathrm{A}(1, 1)$에서 원 C에 그은 두 접선이 서로 수직이 되도록 하는 상수 k의 값을 구하시오.

점 $(a, 2)$를 x축 방향으로 3만큼, y축 방향으로 b만큼 평행이동한 점의 좌표가 $(1, 1)$이 되게 하는 상수 a, b의 값을 구하시오.

탐구 x 대신 $x+3$, y 대신 $y+b$를 대입하여 정리한다.

풀이 값의 평행이동은 부호가 그대로이므로

$$\begin{cases} x \text{ 대신 } x+3 \\ y \text{ 대신 } y+b \end{cases} \rightarrow (a+3, 2+b) = (1, 1)$$

$$a+3=1, \quad 2+b=1$$

$$\therefore a=-2, \ b=-1$$

정답 $a=-2, \ b=-1$

유제 02-1 점 $(2, 3)$을 원점으로 옮기는 평행이동에 의하여 점 $(5, 5)$를 평행이동한 점의 좌표를 구하시오.

유제 02-2 함수 $y=f(x)$의 그래프가 점 $(0, 2)$를 지날 때, 함수 $y=f(x)$의 그래프를 x축, y축의 방향으로 각각 2만큼 평행이동하면 점 $(0, 2)$는 점 $(2, \square)$(으)로 평행이동하게 되고, 함수 $y=f(x)$의 그래프를 x축, y축의 방향으로 각각 -2만큼 평행이동하면 점 $(0, 2)$는 점 $(\square, 0))$으로 평행이동하게 된다. $\square$ 안에 알맞은 수를 차례로 쓰시오.

직선 $x+my-1+m=0$이 평행이동 $(x, y) \rightarrow (x+n, y-2)$에 의하여 직선 $x+2y+3=0$으로 옮겨질 때, 상수 m, n에 대하여 $m-n$의 값을 구하시오.

탐구 x 대신 $x-n$, y 대신 $y+2$를 대입하여 정리한다.

풀이 식의 평행이동은 부호가 반대이므로

$$\begin{cases} x \text{ 대신 } x-n \\ y \text{ 대신 } y+2 \end{cases} \rightarrow (x-n)+m(y+2)-1+m=0$$

$$\therefore x+my+3m-n-1=0 \ \cdots \ ①$$

①은 직선 $x+2y+3=0$과 같으므로

$$m=2, \ 3m-n-1=3$$

$$\therefore m=2, \ n=2$$

따라서 $m-n=0$이다.

정답 0

 직선 $2x+y+5=0$을 x축의 방향으로 2만큼, y축의 방향으로 -1만큼 평행이동한 직선의 방정식이 $2x+y+a=0$일 때, 상수 a의 값을 구하시오.

 직선 $2x+3y-5=0$을 x축의 방향으로 -4만큼, y축의 방향으로 2만큼 평행이동한 직선이 처음 직선을 x축의 방향으로 $-m$만큼 평행이동한 직선과 같다고 할 때, m의 값을 구하시오.

기 | 본 | 예 | 제 **04**

점 $(1, 1)$을 점 $(3, -1)$로 옮기는 평행이동에 의하여 원 $x^2+y^2-4x+4y+4=0$을 평행이동한 식을 구하시오.

탐구 원을 평행이동하면 원의 중심만 평행이동이 되고 반지름은 처음과 같다.

풀이 원의 방정식을 표준형으로 바꾸면

$$(x^2-4x+4)+(y^2+4y+4)=4$$
$$(x-2)^2+(y+2)^2=4$$

점 $(1, 1)$을 점 $(3, -1)$로 옮기는 평행이동은 x축 방향으로 2만큼, y축 방향으로 -2만큼 평행이동한 것이므로 원의 중심 $(2, -2)$를 이 값에 따라 평행이동하면

$$(2+2, -2-2)=(4, -4)$$

따라서 평행이동한 원의 방정식을 구하면

$$(x-4)^2+(y+4)^2=4$$

정답 $(x-4)^2+(y+4)^2=4$

 원점을 점 $(-2, 3)$으로 옮기는 평행이동에 의하여 원 $x^2+y^2+6x-2y=0$을 평행이동한 식을 구하시오.

 원 $x^2+y^2+2ax+2by+8=0$을 x축의 방향으로 2만큼, y축의 방향으로 -3만큼 평행이동하면 원 $x^2+y^2=c$가 된다고 할 때, $a+b+c$의 값을 구하시오.

1 x축, y축, 원점에 대한 대칭이동

[1] x축에 대한 대칭이동

→ y 대신 $-y$를 대입한다.

→ $f(x, -y) = 0$

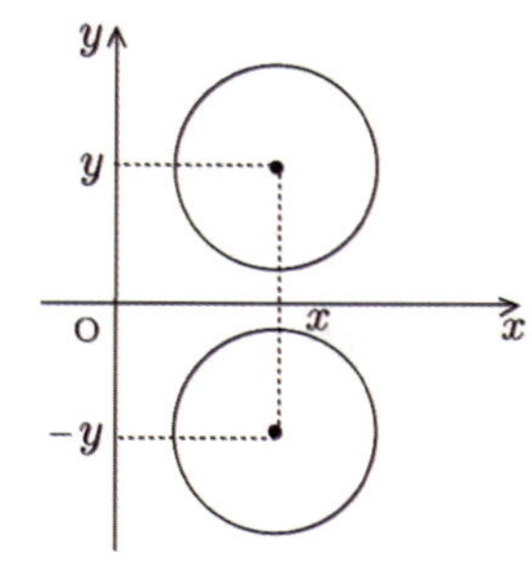

[2] y축에 대한 대칭이동

→ x 대신 $-x$를 대입한다.

→ $f(-x, y) = 0$

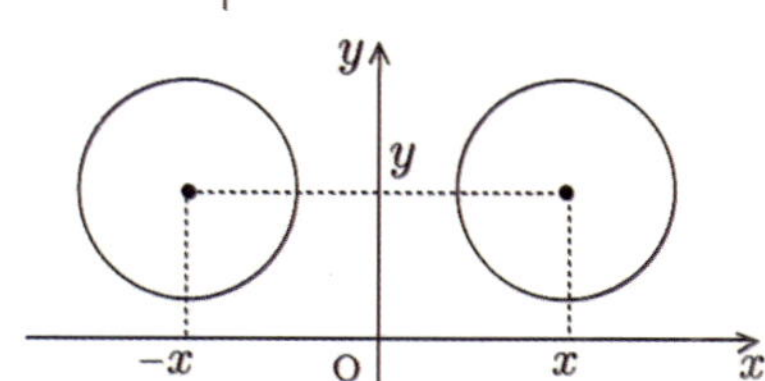

[3] 원점에 대한 대칭이동

→ x 대신 $-x$, y 대신 $-y$를 대입한다.

→ $f(-x, -y) = 0$

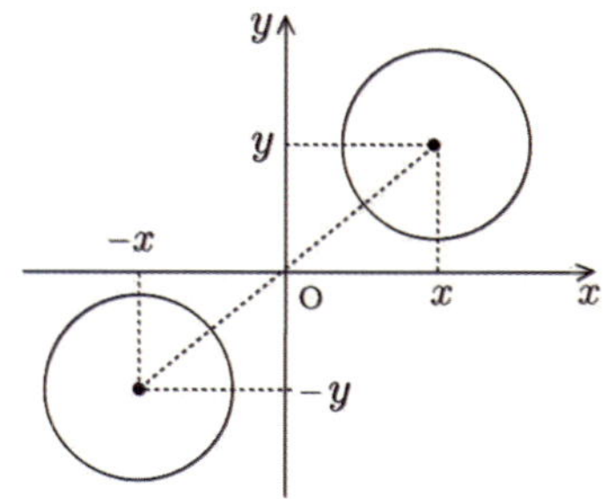

강의 x축, y축, 원점에 대한 대칭이동은 반대로 생각하라!

→ 반대쪽에 $\ominus$를 붙여 대입한다.

기|본|예|제 05

점 $(4, 2)$를 x축에 대하여 대칭이동한 점 A와 원점에 대하여 대칭이동한 점 B 사이의 거리 $\overline{\mathrm{AB}}$를 구하시오.

탐구 ① x축 대칭 → 반대로 $-y$ ② 원점 대칭 → $-x, -y$

풀이 x축에 대하여 대칭이동한 점은 반대로 y 대신 $-y$를 대입하면 되므로

$$A(4, -2)$$

원점에 대하여 대칭이동한 점은 x 대신 $-x$, y 대신 $-y$를 대입하면 되므로

$$B(-4, -2)$$

$$\therefore \overline{\mathrm{AB}} = \sqrt{(-4-4)^2 + (-2+2)^2} = 8$$

정답 8

 점 $P(2, 1)$을 원점에 대하여 대칭이동한 점을 Q, x축에 대하여 대칭이동한 점을 R이라고 할 때, $\overline{QR}$의 길이를 구하시오.

 점 A를 원점에 대하여 대칭이동한 후 다시 x축의 방향으로 -2만큼, y축의 방향으로 3만큼 평행이동하였더니 점 A와 겹쳤다. 이때 점 A의 좌표를 구하시오.

기 | 본 | 예 | 제 06

직선 $2x-y+3=0$을 y축에 대하여 대칭이동하면 $(a, 5)$를 지날 때, 상수 a의 값을 구하시오.

탐구 y축 대칭 → 반대로 $-x$

풀이 y축에 대하여 대칭이동한 직선은 반대로 x 대신 $-x$를 대입하면 되므로

$$-2x-y+3=0 \qquad \therefore 2x+y-3=0 \cdots ①$$

①이 $(a, 5)$를 지나므로 대입하여 a를 구하면

$$2a+5-3=0$$

$$2a=-2 \qquad \therefore a=-1$$

정답 -1

 직선 $y=\dfrac{1}{3}x+2$를 x축에 대하여 대칭이동한 직선에 평행하고 점 $(-6, 2)$를 지나는 직선의 방정식을 구하시오.

 직선 $4x-3y+5=0$를 원점에 대하여 대칭이동한 직선에 수직이고 점 $(2, 1)$을 지나는 직선의 방정식을 구하시오.

포물선 $y = 2x^2 + 4ax + a^2 + 1$을 원점에 대하여 대칭이동하면 꼭짓점의 좌표가 $(3, b)$가 된다고 할 때, 상수 a, b의 값을 구하시오.

탐구   도형을 원점에 대하여 대칭이동 $\rightarrow$ x 대신 $-x$, y 대신 $-y$ 대입

풀이   포물선의 방정식을 변형하면

$$y = 2(x^2 + 2ax + a^2) - a^2 + 1$$
$$= 2(x+a)^2 - a^2 + 1$$

원점에 대하여 대칭이동하면

$$y = -2(x-a)^2 + a^2 - 1$$

따라서 $(a, a^2 - 1) = (3, b)$이므로 $a = 3$, $b = 8$이다.

정답 $a = 3$, $b = 8$

유제 07-1   포물선 $x^2 + ax + by - 1 = 0$을 원점에 대하여 대칭이동하면 $x^2 - 2x - 4y - 1 = 0$이 된다. 이때 상수 a, b의 값을 구하시오.

유제 07-2   원 $(x-a)^2 + (y-3)^2 = 10$을 y축에 대하여 대칭이동한 원의 중심이 직선 $y = -x + 1$ 위에 있을 때, 상수 a의 값을 구하시오.

유제 07-3   원 $x^2 + y^2 - 6x + 4y + 12 = 0$을 y축에 대하여 대칭이동하면 $y = mx$에 접한다고 한다. 이때 모든 상수 m의 값의 합을 구하시오.

기|본|예|제 08

두 점 $A(2, 3)$, $B(5, 2)$이고, 점 P가 x축 위의 점일 때, $\overline{PA}+\overline{PB}$의 최솟값을 구하시오.

탐구 그림을 그려보면, 대칭점 A'에서 B에 그은 $\overline{A'B}$가 최단거리임을 알 수 있다.

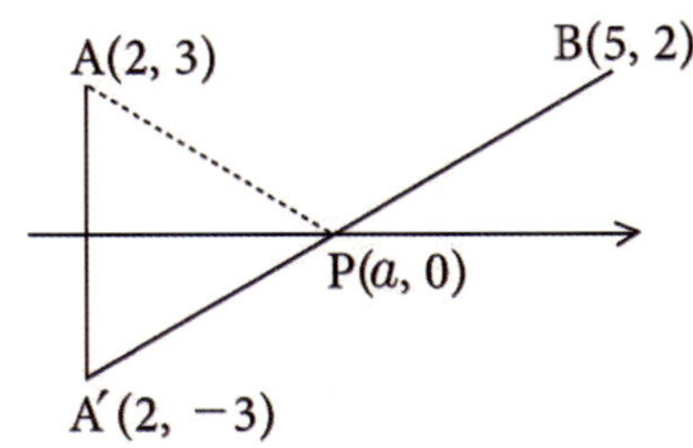

풀이 A를 x축에 대하여 대칭이동한 점 $A' \rightarrow (2, -3)$

최솟값 $\overline{PA}+\overline{PB}=\overline{PA'}+\overline{PB} \geq \overline{A'B}$
$$= \sqrt{(5-2)^2+(2+3)^2} = \sqrt{34}$$

정답 $\sqrt{34}$

유제 08-1 두 점 $A(1, 4)$, $B(6, 2)$와 x축 위를 움직이는 점 P, y축 위를 움직이는 점 Q에 대하여 $\overline{AQ}+\overline{QP}+\overline{PB}$의 최솟값을 구하시오.

유제 08-2 수평면 위에서 두 점 $A(0, 5)$, $D(4, 2)$이고, x축 위의 점 B, C에 대하여 $\overline{BC}=2$인 사각형 ABCD의 둘레의 길이가 최소가 되도록 하는 $\overline{AB}+\overline{CD}$의 값을 구하시오.

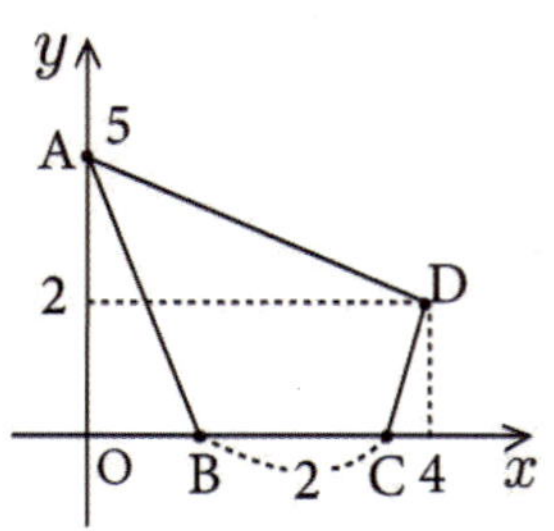

2 축에 평행한 직선과 점에 대한 대칭이동

[1] 직선 $x=m$에 대한 대칭이동

➡ x 대신 $2m-x$를 대입한다.

➡ $f(2m-x,\,y)=0$

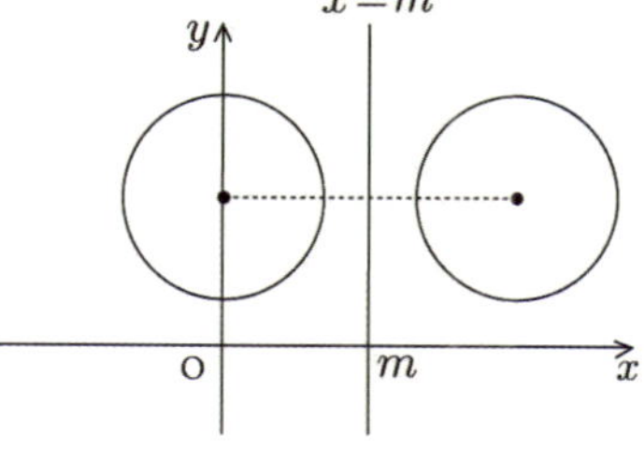

[2] 직선 $y=n$에 대한 대칭이동

➡ y 대신 $2n-y$를 대입한다.

➡ $f(x,\,2n-y)=0$

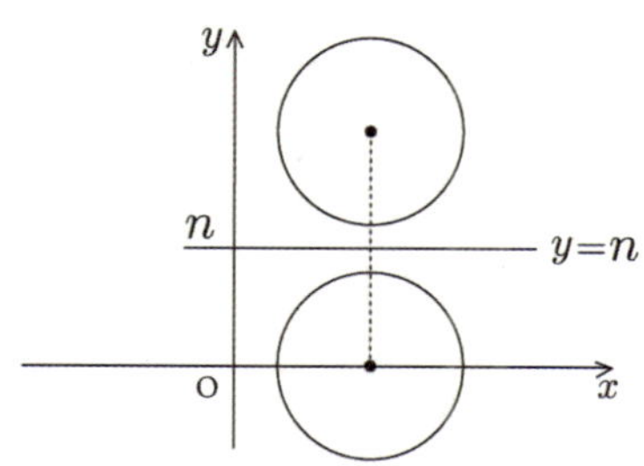

[3] 점 $(m,\,n)$에 대한 대칭이동

➡ x 대신 $2m-x$, y 대신 $2n-y$를 대입한다.

➡ $f(2m-x,\,2n-y)=0$

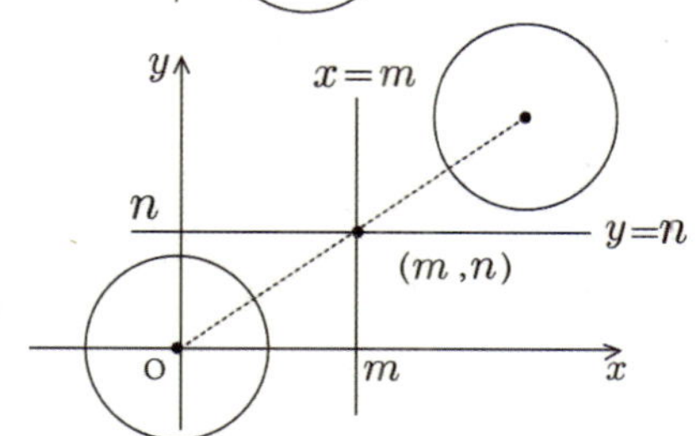

강의 $x=m,\ y=n,\ (m,\,n)$에 대한 대칭이동은 =를 2로 생각하라!

➡ 등호 ⊜를 2로 보고 이항하여 대입한다.

기 | 본 | 예 | 제 09

$y=x^2-2x+3$을 다음에 대하여 대칭이동하시오.

(1) $x=3$ (2) $y=-2$

탐구   등호 =를 2로 보고 이항하여 대입한다.

     ① $x=m$ 대칭 → x 대신 $2m-x$ 대입

     ② $y=n$ 대칭 → y 대신 $2n-y$ 대입

풀이   (1) x 대신 $2\times3-x$를 대입하면 $y=(6-x)^2-2(6-x)+3$

         $\therefore\ y=x^2-10x+27$

     (2) y 대신 $2\times(-2)-y$를 대입하면 $(-4-y)=x^2-2x+3$

         $\therefore\ y=-x^2+2x-7$

정답   (1) $y=x^2-10x+27$ (2) $y=-x^2+2x-7$

유제 09-1 곡선 $y=8x^2$을 다음과 같이 대칭이동한 식을 구하시오.

(1) 직선 $x=-3$에 대하여 대칭이동

(2) 직선 $y=2$에 대하여 대칭이동

유제 09-2 직선 $y=x-1$을 직선 $x=1$에 대하여 대칭이동한 직선과 수직이고 원점과의 거리가 $\sqrt{2}$인 직선의 방정식을 구하시오.

기|본|예|제 10

직선 $y=-2x+3$을 점 $(3, 2)$에 대하여 대칭이동하시오.

탐구 점 (m, n)에 대하여 대칭 → x 대신 $2m-x$, y 대신 $2n-y$ 대입

풀이 직선을 점 $(3, 2)$에 대하여 대칭이동하면 x 대신 $2\times3-x$, y 대신 $2\times2-y$를 대입하면 된다.

$$4-y=-2(6-x)+3$$
$$\therefore y=-2x+13$$

정답 $y=-2x+13$

유제 10-1 곡선 $y=2x^2$을 다음과 같이 대칭이동한 식을 구하시오.

(1) 점 $(-1, 2)$에 대하여 대칭이동

(2) 점 $(-2, 4)$에 대하여 대칭이동

유제 10-2 직선 $y=2x-1$은 점 $(1, 2)$에 대하여 대칭이동한 직선과 수직이고 원점과의 거리가 $2\sqrt{5}$인 직선의 방정식을 구하시오.

[1] 직선 $y=x$에 대한 대칭이동

➜ x 대신 y, y 대신 x를 대입한다.
➜ $f(y,\,x)=0$

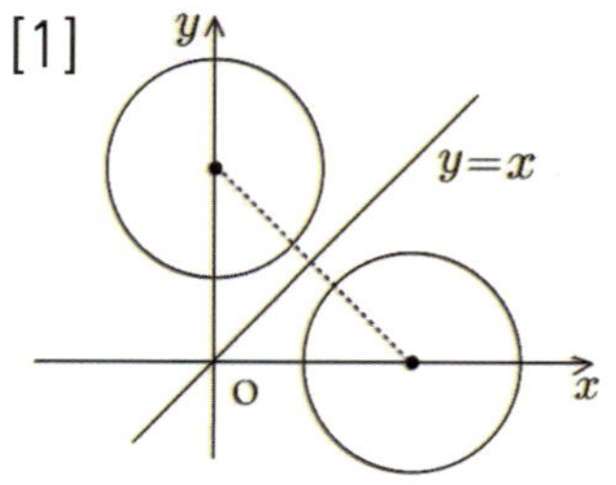

[2] 직선 $y=-x$에 대한 대칭이동

➜ x 대신 $-y$, y 대신 $-x$를 대입한다.
➜ $f(-y,\,-x)=0$

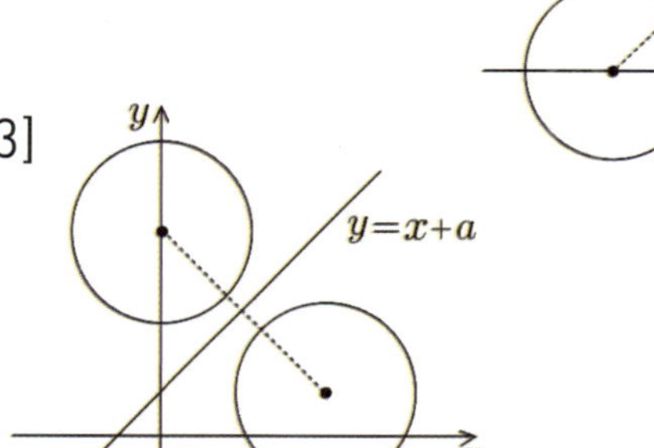

[3] 직선 $y=x+a$에 대한 대칭이동

➜ x 대신 $y-a$, y 대신 $x+a$를 대입한다.
➜ $f(y-a,\,x+a)=0$

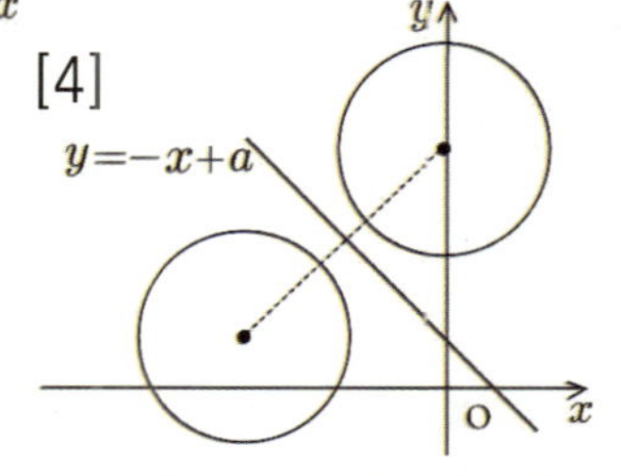

[4] 직선 $y=-x+a$에 대한 대칭이동

➜ x 대신 $-y+a$, y 대신 $-x+a$를 대입한다.
➜ $f(-y+a,\,-x+a)=0$

강의 **직선에 대한 대칭이동은 기울기 ±1을 확인하라!**

➜ 몽땅 이항하여 대입한다.
① $y=x$ 대칭 → $x=y$, $y=x$를 대입한다.
② $y=-x+3$ 대칭 → $x=-y+3$, $y=-x+3$을 대입한다.
③ $x-y=3$ 대칭 → $x=y+3$, $y=x-3$을 대입한다.

기|본|예|제 11

포물선 $y=(x-1)^2+3$과 꼭짓점 $(1,\,3)$을 직선 $y=-x$에 대하여 대칭이동하시오.

탐구 $y=-x$에 대칭 → x 대신 $-y$, y 대신 $-x$ 대입

풀이 $\begin{cases} x=-y \ \to\ x \text{ 대신 } -y \text{ 대입} \\ y=-x \ \to\ y \text{ 대신 } -x \text{ 대입} \end{cases}$

$\quad -x=(-y-1)^2+3 \qquad \therefore x=-(y+1)^2-3$
꼭짓점 $(-3,\,-1)$

정답 $x=-(y+1)^2-3$, 꼭짓점 $(-3,\,-1)$

유제 11-1 포물선 $y=-2x^2$을 다음과 같이 대칭이동한 식을 구하시오.

(1) 직선 $y=x$에 대하여 대칭이동

(2) 직선 $y=-x$에 대하여 대칭이동

유제 11-2 두 점 $A(0,3)$, $B(2,5)$이고 점 P가 직선 $y=x$ 위에 있을 때, $\overline{AP}+\overline{BP}$의 최솟값을 구하시오.

기 | 본 | 예 | 제 12

원 $(x+2)^2+(y-2)^2=4$를 직선 $y=x-3$에 대하여 대칭이동하시오.

탐구 기울기가 ±1인 직선 대칭 $\rightarrow$ 이항한 후 대입

풀이 직선 $y=x-3$에 대하여 대칭이동하므로 x 대신 $y+3$, y 대신 $x-3$을 대입하면 된다.

$$(y+3+2)^2+(x-3-2)^2=4$$

$$\therefore (x-5)^2+(y+5)^2=4$$

정답 $(x-5)^2+(y+5)^2=4$

유제 12-1 포물선 $y=x^2-2x-1$을 다음과 같이 대칭이동한 식을 구하시오.

(1) 직선 $y=x+2$에 대하여 대칭이동

(2) 직선 $y=-x+1$에 대하여 대칭이동

유제 12-2 점 $(5,4)$를 직선 $y=-x+a$에 대하여 대칭이동한 점이 점 $(-2,b)$일 때, ab의 값을 구하시오.

4 기울기가 ± 1이 아닌 직선에 대한 대칭이동

→ 중점과 직교조건을 이용한다.
첫째, 중점을 구하여 직선에 대입한다.
둘째, 직교조건을 이용하여 식을 만든다.
셋째, 두 식을 연립하여 미지수를 구한다.

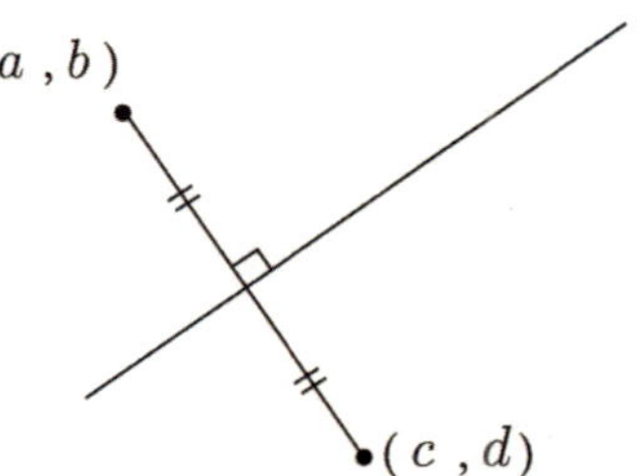

강의 기울기가 ± 1이 아닌 직선에 대한 대칭이동은 그림을 그려보아라!

→ 중점대입 — ①
직교조건 — ② ⟩ 연립

주의 기울기와 직교조건

① 기울기 $a = \dfrac{y_2 - y_1}{x_2 - x_1}$ ② 직교조건 $aa' = -1$

기|본|예|제 13

A$(2, 3)$을 $y = 2x - 3$에 대칭이동한 점 A$'(x_1, y_1)$을 구하시오.

탐구 기울기가 ± 1이 아닌 직선 대칭 ① 중점 대입 ② 직교조건 이용

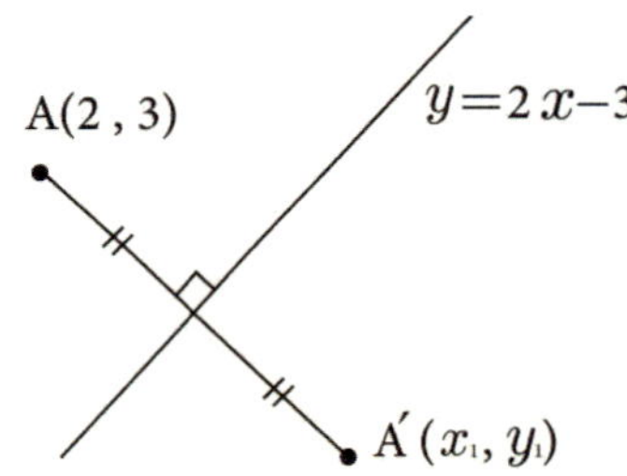

풀이

i) 중점 대입 $\left(\dfrac{x_1 + 2}{2}, \dfrac{y_1 + 3}{2}\right) \to y = 2x - 3$; $\dfrac{y_1 + 3}{2} = 2\left(\dfrac{x_1 + 2}{2}\right) - 3$

$\therefore 2x_1 - y_1 = 5 \cdots$ ①

ii) 직교조건 $\left(\dfrac{y_1 - 3}{x_1 - 2}\right) \times 2 = -1$ $\therefore x_1 + 2y_1 = 8 \cdots$ ②

①, ②를 연립하여 x_1, y_1을 구하면 $x_1 = \dfrac{18}{5}$, $y_1 = \dfrac{11}{5}$

$\therefore \text{A}'\left(\dfrac{18}{5}, \dfrac{11}{5}\right)$

정답 $\text{A}'\left(\dfrac{18}{5}, \dfrac{11}{5}\right)$

 점 $(4, -3)$을 직선 $x-2y=2$에 대하여 대칭이동한 점을 구하시오.

 두 점 $(4, 1)$, $(-3, 4)$가 직선 $7x+ay+b=0$에 대하여 대칭일 때, a, b의 값을 구하시오.

기 | 본 | 예 | 제 **14**

원 $x^2+y^2+6y+5=0$**을 직선** $x+2y=4$**에 대하여 대칭이동하시오.**

탐구 기울기가 ± 1이 아닌 직선 대칭 ① 중점 대입 ② 직교조건 이용

풀이 원을 직선에 대하여 대칭이동하면 중심은 대칭이동하고 반지름의 길이는 변하지 않는다.
원의 방정식을 표준형으로 바꾸면

$$x^2+(y+3)^2=4$$

따라서 원의 중심 $(0, -3)$을 주어진 직선에 대하여 대칭이동하고 반지름은 2인 원의 방정식을 구하면 된다.
대칭이동한 중심의 좌표 (a, b)를 구하면

i) 중점 대입 $\left(\dfrac{a}{2}, \dfrac{b-3}{2}\right) \rightarrow x+2y=4$; $a+2b=14 \cdots$ ①

ii) 직교조건 $\left(\dfrac{b+3}{a}\right) \times \left(-\dfrac{1}{2}\right)=-1$ $\therefore 2a-b=3 \cdots$ ②

①, ②를 연립하여 a, b를 구하면 $a=4, b=5$
따라서 구하는 원의 방정식은 $(x-4)^2+(y-5)^2=4$이다.

정답 $(x-4)^2+(y-5)^2=4$

 원 $(x+2)^2+(y-2)^2=9$를 직선 $x-3y=2$에 대하여 대칭이동하시오.

 두 원 $x^2+y^2-4x+6y+9=0$과 $x^2+y^2+2x-4y+1=0$은 직선 $ax+by-4=0$에 대하여 대칭이다. 이때 $a+b$의 값을 구하시오.

가장 좋은 학습방법은 학교에서나 학원에서나 선생님의 강의를 열심히 듣고 여러 번 반복학습하는 것입니다.
지금부터 당장 선생님의 강의를 열심히 듣고 반복! 반복하십시오. 그러면 곧 모든 과목에 자신이 생길 것입니다.

회수	시작이 반!			끝을 봐야!			확인
제1회	년	월	일 부터	년	월	일 까지	
제2회	년	월	일 부터	년	월	일 까지	
제3회	년	월	일 부터	년	월	일 까지	
제4회	년	월	일 부터	년	월	일 까지	
제5회	년	월	일 부터	년	월	일 까지	
제6회	년	월	일 부터	년	월	일 까지	
제7회	년	월	일 부터	년	월	일 까지	
제8회	년	월	일 부터	년	월	일 까지	
제9회	년	월	일 부터	년	월	일 까지	
제10회	년	월	일 부터	년	월	일 까지	

> ▶ 연습문제 A는 앞에서 배운 기초 단계의 문제이므로 선생님의 도움 없이 스스로
> 풀어 자신의 실력을 점검해 보도록 하자.

01 다음을 x축의 방향으로 $+3$만큼, y축의 방향으로 -2만큼 평행이동하시오.

    (1) $x^2 + y^2 = 9$ (2) $(0, 0)$

02 점 $(a, 2)$를 x축 방향으로 3만큼, y축 방향으로 b만큼 평행이동한 점의 좌표가 $(1, 1)$이 되게 하는 상수 a, b의 값을 구하시오.

03 직선 $x + my - 1 + m = 0$이 평행이동 $(x, y) \rightarrow (x + n, y - 2)$에 의하여 직선 $x + 2y + 3 = 0$일 때, 상수 m, n에 대하여 $m - n$의 값을 구하시오.

04 점 $(1, 1)$을 점 $(3, -1)$로 옮기는 평행이동에 의하여 원 $x^2 + y^2 - 4x + 4y + 4 = 0$을 평행이동한 식을 구하시오.

05 점 $(4, 2)$를 x축에 대하여 대칭이동한 점 A와 원점에 대하여 대칭이동한 점 B 사이의 거리 $\overline{\text{AB}}$를 구하시오.

06 직선 $2x-y+3=0$을 y축에 대하여 대칭이동하면 $(a, 5)$를 지날 때, 상수 a의 값을 구하시오.

07 포물선 $y=2x^2+4ax+a^2+1$을 원점에 대하여 대칭이동하면 꼭짓점의 좌표가 $(3, b)$가 된다고 할 때, 상수 a, b의 값을 구하시오.

08 두 점 $A(2, 3)$, $B(5, 2)$이고, 점 P가 x축 위의 점일 때, $\overline{PA}+\overline{PB}$의 최솟값을 구하시오.

09 두 점 $A(1, 4)$, $B(6, 2)$와 x축 위를 움직이는 점 P, y축 위를 움직이는 점 Q에 대하여 $\overline{AQ}+\overline{QP}+\overline{PB}$의 최솟값을 구하시오.

10 $y=x^2-2x+3$을 다음에 대하여 대칭이동하시오.

(1) $x=3$ (2) $y=-2$

11 직선 $y=-2x+3$을 점 $(3, 2)$에 대하여 대칭이동하시오.

12 포물선 $y=(x-1)^2+3$과 꼭짓점 $(1, 3)$을 직선 $y=-x$에 대하여 대칭이동하시오.

13 원 $(x+2)^2+(y-2)^2=4$를 직선 $y=x-3$에 대하여 대칭이동하시오.

14 $A(2, 3)$을 $y=2x-3$에 대칭이동한 점 $A'(x_1, y_1)$을 구하시오.

15 원 $x^2+y^2+6y+5=0$을 직선 $x+2y=4$에 대하여 대칭이동하시오.

연습 문제

▶ 연습문제 B는 앞에서 배운 중급 단계의 문제이므로 선생님의 도움 없이 스스로 풀어 자신의 실력을 점검해 보도록 하자.

01 2보다 큰 실수 k에 대하여 원 $x^2+y^2=2$를 x축의 방향으로 k만큼, y축의 방향으로 k만큼 평행이동한 원을 C라 하자. 원 $x^2+y^2=2$ 위의 점 $A(1, 1)$에서 원 C에 그은 두 접선이 서로 수직이 되도록 하는 상수 k의 값을 구하시오.

02 점 $(2, 3)$을 원점으로 옮기는 평행이동에 의하여 점 $(5, 5)$를 평행이동한 점의 좌표를 구하시오.

03 직선 $2x+3y-5=0$을 x축의 방향으로 -4만큼, y축의 방향으로 2만큼 평행이동한 직선이 처음 직선을 x축의 방향으로 $-m$만큼 평행이동한 직선과 같다고 할 때, m의 값을 구하시오.

04 원 $x^2+y^2+2ax+2by+8=0$을 x축의 방향으로 2만큼, y축의 방향으로 -3만큼 평행이동하면 원 $x^2+y^2=c$가 된다고 할 때, $a+b+c$의 값을 구하시오.

05 점 A를 원점에 대하여 대칭이동한 후 다시 x축의 방향으로 -2만큼, y축의 방향으로 3만큼 평행이동하였더니 점 A와 겹쳤다. 이때 점 A의 좌표를 구하시오.

06 직선 $4x-3y+5=0$을 원점에 대하여 대칭이동한 직선에 수직이고 점 $(2, 1)$을 지나는 직선의 방정식을 구하시오.

07 원 $x^2+y^2-6x+4y+12=0$을 y축에 대하여 대칭이동하면 $y=mx$에 접한다고 한다. 이때 모든 상수 m의 값의 합을 구하시오.

08 수평면 위에서 두 점 $A(0, 5)$, $D(4, 2)$이고, x축 위의 점 B, C에 대하여 $\overline{BC}=2$인 사각형 ABCD의 둘레의 길이가 최소가 되도록 하는 $\overline{AB}+\overline{CD}$의 값을 구하시오.

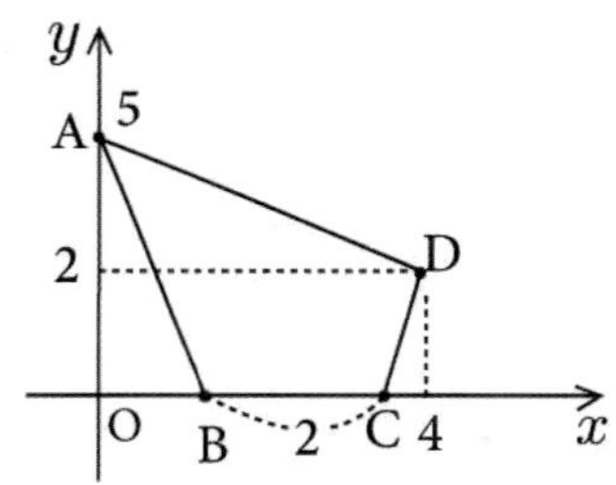

09 직선 $y=x-1$을 직선 $x=1$에 대하여 대칭이동한 직선과 수직이고 원점과의 거리가 $\sqrt{2}$인 직선의 방정식을 구하시오.

10 직선 $y=2x-1$은 점 $(1, 2)$에 대하여 대칭이동한 직선과 수직이고 원점과의 거리가 $2\sqrt{5}$인 직선의 방정식을 구하시오.

11 두 점 $A(0, 3)$, $B(2, 5)$이고 점 P가 직선 $y=x$ 위에 있을 때, $\overline{AP}+\overline{BP}$의 최솟값을 구하시오.)

12 점 $(5, 4)$를 직선 $y=-x+a$에 대하여 대칭이동한 점이 점 $(-2, b)$일 때, ab의 값을 구하시오.

13 두 점 $(4, 1)$, $(-3, 4)$가 직선 $7x+ay+b=0$에 대하여 대칭일 때, a, b의 값을 구하시오.

14 두 원 $x^2+y^2-4x+6y+9=0$과 $x^2+y^2+2x-4y+1=0$은 직선 $ax+by-4=0$에 대하여 대칭이다. 이때 $a+b$의 값을 구하시오.

MEMO

집합과 명제

P A R T

01

집합

◆ 중·고교 연결과정 선수학습
1 집합의 정의
2 집합 사이의 포함 관계
3 집합의 연산
◆ 반복학습 기록란
◆ 연습문제 (A) (B)

명언

사랑은 지배하는 것이 아니라 자유를 주는 것이다.
- 에리히 프롬 -

1 합의 법칙과 곱의 법칙

[1] 합의 법칙

→ 문장이나 수식이 '또는(or)'으로 연결될 때는 합의 법칙을 이용한다.

→ 두 사건 A, B가 일어나는 경우의 수가 각각 a, b일 때, A 또는 B가 일어나는 경우의 수는

(1) 두 사건이 동시에 일어나지 않을 때

$\rightarrow a+b$

(2) 두 사건이 동시에 일어나는 경우의 수가 c일 때

$\rightarrow a+b-c$

[2] 곱의 법칙

→ 문장이나 수식이 '그리고(and)'로 연결될 때는 곱의 법칙을 이용한다.

→ 두 사건 A, B가 일어나는 경우의 수가 각각 a, b일 때, A와 B가 동시에 일어나는 경우의 수는

$a \times b$

강의 **경우의 수는 방법의 수를 조사하는 것이다!**

(1) or 법칙 − 단독성, 개별성

$\rightarrow$ 문장, 式 : or 연결 $\rightarrow +$

(2) and 법칙 − 동시성, 연속성

$\rightarrow$ 문장, 式 : and 연결 $\rightarrow \times$

式(법 식)

기 | 본 | 예 | 제 01

영어 참고서 3권과 수학 참고서 4권이 있다. 이때 영어 참고서 또는 수학 참고서 중 한 권을 선택하는 경우의 수를 구하시오.

탐구 또는, or로 연결된 경우에는 합의 법칙을 이용한다.

풀이 '또는'으로 연결된 경우이므로 합의 법칙을 이용하면

$3+4=7$

정답 7

유제 01-1 1부터 20까지의 자연수가 적힌 카드 중 한 장을 뽑을 때, 4의 배수 또는 7의 배수가 적힌 카드를 뽑는 경우의 수를 구하시오.

유제 01-2 1부터 100까지의 자연수가 적힌 공 100개가 들어있는 주머니에서 한 개의 공을 뽑을 때, 5의 배수 또는 9의 배수가 적힌 공을 뽑는 경우의 수를 구하시오.

기|본|예|제 02

소설책 5권과 자기계발서 6권이 있다. 이때 소설책과 자기계발서를 한 권씩 선택하는 경우의 수를 구하시오.

탐구 그리고, and로 연결된 경우에는 곱의 법칙을 이용한다.

풀이 '~과~'로 연결된 경우이므로 곱의 법칙을 이용하면

$$5 \times 6 = 30$$

정답 30

유제 02-1 동전 두 개와 주사위 한 개를 동시에 던질 때, 나오는 모든 경우의 수를 구하시오.

유제 02-2 남학생 4명, 여학생 5명이 있다. 이 중 남녀 대표를 각각 한 명씩 뽑는 경우의 수를 구하시오.

유제 02-3 5종류의 스웨터와 3종류의 바지가 있을 때, 스웨터와 바지를 각각 하나씩 선택하여 입는 경우의 수를 구하시오.

2 수식의 연산 법칙과 집합의 연산 법칙

	수식의 연산 법칙	집합의 연산 법칙
교환법칙	$a+b=b+a$ $ab=ba$	$A\cup B=B\cup A$ $A\cap B=B\cap A$
결합법칙	$a+(b+c)=(a+b)+c$ $a(bc)=(ab)c$	$A\cup(B\cup C)=(A\cup B)\cup C$ $A\cap(B\cap C)=(A\cap B)\cap C$
분배법칙	$a(b+c)=ab+ac$ $ab+ac=a(b+c)$	$A\cap(B\cup C)=(A\cap B)\cup(A\cap C)$ $(A\cap B)\cup(A\cap C)=A\cap(B\cup C)$

기|본|예|제 03

분배법칙을 이용하여 계산하는 과정이다. ☐ 안에 알맞은 수를 써넣으시오.

(1) $19\times105=19\times(100+\boxed{})$

$\qquad =19\times100+19\times\boxed{}$

$\qquad =1900+\boxed{}=\boxed{}$

(2) $7\times48+7\times2=7\times(\boxed{}+2)=7\times\boxed{}=\boxed{}$

탐구 ① $a(b+c)=ab+ac$ ② $ab+ac=a(b+c)$

풀이 (1) $19\times105=19\times(100+\boxed{5})$

$\qquad =19\times100+19\times\boxed{5}$

$\qquad =1900+\boxed{95}=\boxed{1995}$

(2) $7\times48+7\times2=7\times(\boxed{48}+2)=7\times\boxed{50}=\boxed{350}$

정답 풀이참조

유제 03-1 분배법칙을 이용하여 다음을 계산하시오.

(1) $14\times(100-7)$ (2) $\dfrac{3}{5}\times103-\dfrac{3}{5}\times3$

유제 03-2 세 수 a, b, c에 대하여 $ac=7$, $bc=25$일 때, $c(a+b)$의 값을 구하시오.

01 집합의 정의

[1] 집합

➜ 어떤 조건에 의하여 그 대상을 분명히 구분할 수 있는 것들의 모임을 **집합**이라 한다.

[2] 원소

➜ 집합을 이루고 있는 대상 하나하나를 그 집합의 **원소**라 한다.

(1) $x \in A$, $A \ni x$

   ➜ x는 A에 속한다.

   ➜ x는 A의 원소이다.

(2) $x \notin A$, $A \not\ni x$

   ➜ x는 A에 속하지 않는다.

   ➜ x는 A의 원소가 아니다.

강의 집합(Set)과 원소(Element)는 그 정의를 명확하게 파악해야 한다!

(1) 집합(Set)

   ➜ 모임 : 판단기준 ┌ 명확 → 구체적 → 집합(○)
                      └ 모호 → 추상적 → 집합(×)

   ➜ 기호 : { }

(2) 원소(Element)

   ➜ 원소 : { } 속에 있는 낱낱의 것

   ➜ $\{2, a, \star, \{3\}, \heartsuit\}$

   ➜ 기호 : E → $\in$

   주의 ┌ 소속 관계 → 원소
           └ 포함 관계 → 부분집합

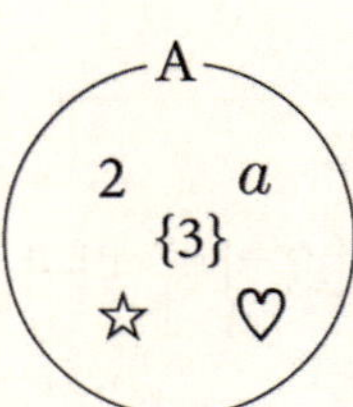

다음 중 집합이 아닌 것을 모두 고르시오.

① 키가 큰 학생의 모임

② 키가 170 cm보다 큰 학생의 모임

③ 문화인의 모임

④ 한국인의 모임

⑤ 대구사과의 모임

⑥ 빨간 대구사과의 모임

⑦ 축구부 학생의 모임

⑧ 축구를 좋아하는 학생의 모임

⑨ 전교 10등 이내의 학생의 모임

⑩ 공부를 매우 잘하는 학생의 모임

⑪ 대통령을 잘 아는 사람의 모임

⑫ 대통령과 악수를 나눈 적이 있는 사람의 모임

탐구 어떤 조건에 대하여 그 대상을 분명히 구분할 수 있는 것들의 모임을 집합이라 한다.

풀이
① 기준 모호 (×)

② 기준 명확 (○)

③ 문화 → 추상어 (×)

④ 한국인 → 구체어 (○)

⑤ 대구 → 구체어 (○)

⑥ 색감 상이 (×)

⑦ 축구부 → 구체어 (○)

⑧ 좋아한다 → 추상어 (×)

⑨ 기준 명확 (○)

⑩ 잘 한다 → 추상어 (×)

⑪ 잘 안다 → 추상어 (×)

⑫ 악수 → 구체어 (○)

따라서 집합이 아닌 것은 ①, ③, ⑥, ⑧, ⑩, ⑪이다.

정답 ①, ③, ⑥, ⑧, ⑩, ⑪

유제 01-1 다음 모임들 중에서 집합인 것과 집합이 아닌 것을 구별하고, 집합인 것은 그 판단의 기준을 말하시오.

(1) 미국인의 모임과 지식인의 모임

(2) 100보다 큰 수의 모임과 대단히 큰 수의 모임

유제 01-2 다음 중 집합인 것을 고르고 그 원소를 쓰시오.

㉠ 100에 가까운 수의 모임

㉡ 90보다 큰 두 자리 자연수의 모임

㉢ 달리기를 잘 하는 학생의 모임

㉣ 키가 큰 나무의 모임

[1] 조건제시법

→ { } 안에 집합에 속하는 원소들의 성질을 수식이나 문장으로 나타내는 방법

[2] 원소나열법

→ { } 안에 집합에 속하는 원소들을 모두 나열하는 방법
→ 원소를 나열하는 순서는 관계없으나, 같은 원소를 중복하여 나열하지 않는다.

[3] 벤 다이어그램(벤 오일러 다이어그램)

→ 집합의 포함관계를 직관에 의해 쉽게 알아보기 위해 원이나 타원, 사각형 등을 이용하여 나타내는 방법

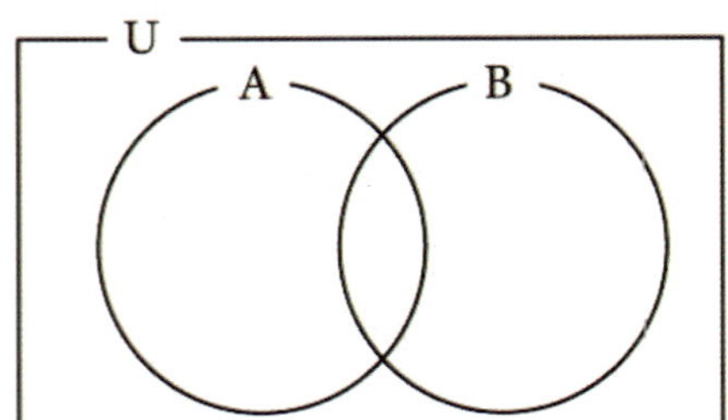

강의 **집합의 표시법에는 세 가지 표현방법이 있다!**

(1) 조건제시법 → $A = \{$ 원소의 성질 $\}$
  → $A = \{x \mid 1 \leq x \leq 20,\ x$는 소수$\}$

(2) 원소나열법 → $A = \{$ 낱낱의 원소 $\}$
  → $A = \{2, 3, 5, 7, 11, 13, 17, 19\}$

(3) 벤 다이어그램 →

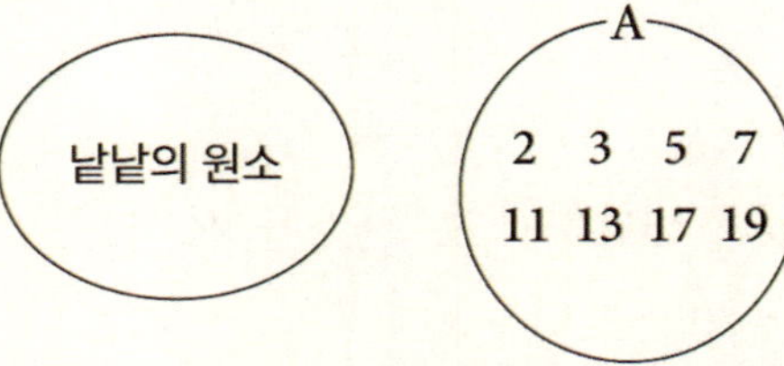

주의 집합에서 내용이 이해가 안 되거나 문제가 안 풀리면 벤 다이어그램을 그려보아라.
→ 이해($\times$), 풀이($\times$) → 벤의 그림 이용

집합 $A = \{2, 3, 5, 7\}$을 조건제시법과 벤 다이어그램으로 나타내시오.

탐구 집합의 표시법
ⅰ) 조건제시법 → { 원소의 성질 }   ⅱ) 원소나열법 → { 낱낱의 원소 }

ⅲ) 벤 다이어그램 → (낱낱의 원소)

풀이 (1) 조건제시법 $A = \{x \mid x$는 10 이하의 소수$\}$
(2) 벤 다이어그램

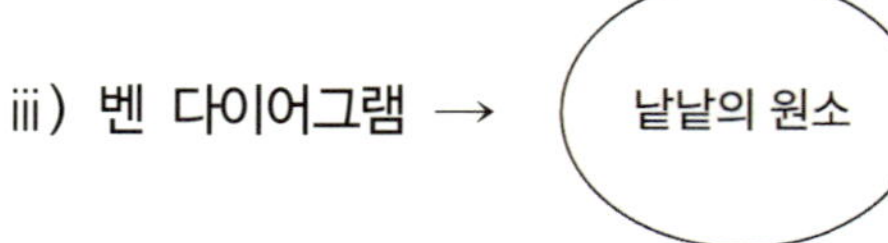
A
2 3
5 7

정답 (1) $A = \{x \mid x$는 10 이하의 소수$\}$ (2)
A
2 3
5 7

유제 02-1 5이상 30 미만의 자연수 중에서 5의 배수인 집합 A를 조건제시법과 원소나열법으로 나타내시오.

유제 02-2 다음 집합을 원소나열법으로 나타낸 것은 조건제시법으로 바꾸어 나타내고, 조건제시법으로 나타낸 것은 원소나열법으로 바꾸어 나타내시오.
(1) $A = \{x \mid x$는 $1 < x < 10$인 짝수$\}$
(2) $B = \{x \mid x$는 18의 약수$\}$
(3) $C = \{2, 3, 5, 7, 11, 13, 17, 19\}$
(4) $D = \{5, 10, 15, 20, \cdots, 100\}$

유제 02-3 오른쪽 벤 다이어그램을 조건제시법으로 나타낸 것 중 잘못된 것을 고르시오.
① $X = \{x \mid x$는 20 이하의 3의 배수$\}$
② $X = \{x \mid x$는 $1 < x < 19$인 3의 배수$\}$
③ $X = \{x \mid x$는 20 미만의 3의 배수$\}$
④ $X = \{x \mid x$는 $1 < x \leq 18$인 3의 배수$\}$
⑤ $X = \{x \mid x$는 $3 < x < 20$인 3의 배수$\}$

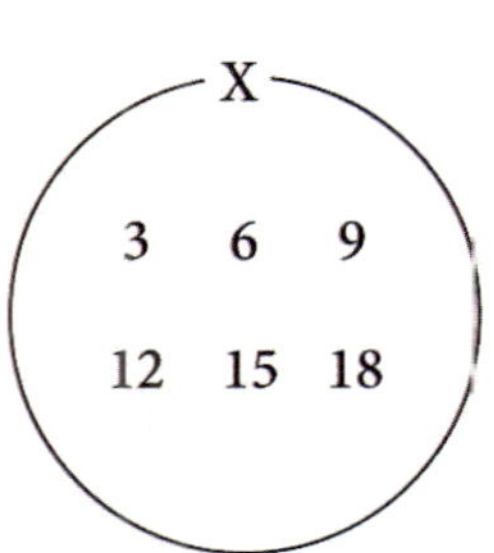
X
3 6 9
12 15 18

두 집합 $A = \{1, 2, 3\}$, $B = \{4, 5\}$에 대하여 다음 집합을 원소나열법으로 나타내시오.

(1) $A \oplus B = \{x \mid x = a + b, a \in A, \ b \in B\}$

(2) $A \otimes B = \{x \mid x = ab, a \in A, \ b \in B\}$

탐구 표를 이용하여 구하면 편리하다.

풀이 (1) $a + b$를 표를 이용하여 구하면

b \ a	4	5
1	5	6
2	6	7
3	7	8

$A \oplus B$의 원소를 중복되지 않게 나열하면

$$A \oplus B = \{5, 6, 7, 8\}$$

(2) ab를 표를 이용하여 구하면

b \ a	4	5
1	4	5
2	8	10
3	12	15

$A \otimes B$의 원소를 나열하면

$$A \otimes B = \{4, 5, 8, 10, 12, 15\}$$

정답 (1) $A \oplus B = \{5, 6, 7, 8\}$　　　(2) $A \otimes B = \{4, 5, 8, 10, 12, 15\}$

유제 03-1 집합 $A = \{0, 1, 2\}$에 대하여 집합 $B = \{x - y \mid x \in A, \ y \in A\}$일 때, 집합 B를 원소나열법으로 나타내시오.

유제 03-2 두 집합 $A = \{0, 1\}$, $B = \{1, 2, 3\}$에 대하여 $A \otimes B$를 다음과 같이 정의할 때, $(A \otimes A) \otimes B$를 원소나열법으로 나타내시오.

$$A \otimes B = \{x \mid x = ab, a \in A, \ b \in B\}$$

[1] 공집합

➜ 원소를 하나도 가지지 않는 집합이다. → $\varnothing$

[2] 유한집합

➜ 집합의 원소의 개수가 한정되어 유한한 집합이며 공집합을 포함한다. → $\{a_1, a_2, a_3, \cdots, a_n\}$

➜ 집합 A가 유한집합이면 집합 A의 원소의 개수를 $n(A)$로 나타낸다.

[3] 무한집합

➜ 원소의 개수가 무한히 많은 집합이다. → $\{a_1, a_2, a_3, \cdots\}$

> **체크** $\{0\}$은 공집합이 아니고 0을 원소로 갖는 집합이다.

강의 **공집합은 비어있는 집합이다!**

① 기호 $\varnothing = \{\ \}$

② 원소 : 0개

주의 ① $\{0\}$(원소 1개) $\neq \varnothing$ ② $\{\ \}$(원소 0개) $= \varnothing$

기 | 본 | 예 | 제 04

다음 (　) 안에 유한집합, 무한집합 중에서 알맞은 것을 써넣으시오.

(1) $A = \{x \mid 1 < x < 2,\ x$는 자연수$\}$ (　　　　)

(2) $B = \{x \mid 1 < x < 3,\ x$는 정수$\}$ (　　　　)

(3) $C = \{x \mid 1 < x < 4,\ x$는 유리수$\}$ (　　　　)

(4) $D = \{x \mid 1 < x < 5,\ x$는 실수$\}$ (　　　)

탐구 원소가 0개인 공집합은 유한집합이다.

풀이 (1) $A = \{x \mid 1 < x < 2,\ x$는 자연수$\}$ → 원소 0개 → (유한집합)이다.

(2) $B = \{x \mid 1 < x < 3,\ x$는 정수$\}$ → 원소 1개 → (유한집합)이다.

(3) $C = \{x \mid 1 < x < 4,\ x$는 유리수$\}$ → 원소 ∞개 → (무한집합)이다.

(4) $D = \{x \mid 1 < x < 5,\ x$는 실수$\}$ → 원소 ∞개 → (무한집합)이다.

정답 (1) 유한집합   (2) 유한집합   (3) 무한집합   (4) 무한집합

 다음 집합 중 무한집합을 모두 고르시오.

① $A=\{x\,|\,x$는 100 이하의 자연수$\}$

② $B=\{x\,|\,x$는 $1\le x\le 100$인 실수$\}$

③ $C=\{x\,|\,x$는 1보다 작은 양의 정수$\}$

④ $D=\{x\,|\,x$는 한 자리의 자연수$\}$

⑤ $E=\{x\,|\,x$는 100 이상의 자연수$\}$

 다음 집합 중 $n(X)$의 값이 가장 큰 것을 고르시오.

① $X=\{x\,|\,x$는 15의 배수인 세 자리의 자연수$\}$

② $X=\{x\,|\,-10<x<10$인 정수$\}$

③ $X=\{x\,|\,x$는 25 미만의 짝수$\}$

④ $X=\{x\,|\,x$는 200 이하의 5의 배수$\}$

⑤ $X=\{x\,|\,x$는 72의 양의 약수$\}$

 다음 중 옳은 것을 모두 고르시오.

① $A=\{x\,|\,x$는 한 자리의 소수$\}$이면 $n(A)=9$

② $B=\{x\,|\,x$는 두 자리의 자연수$\}$이면 $n(B)=99$

③ $n(\{\varnothing\})+n(\varnothing)=1$

④ $n(\{2,\,4,\,6,\,8,\,10\})-n(\{2,\,4,\,6,\,8\})=10$

⑤ $n(\{11,\,12,\,13,\,\cdots,\,20\})=n(\{1,\,2,\,3,\,\cdots,\,10\})$

1 부분집합

(1) 집합 A의 원소가 집합 B의 원소만으로 이루어져 있을 때, 집합 A를 집합 B의 **부분집합**이라 한다.

(2) $x \in A$인 임의의 원소 x에 대하여 $x \in B$일 때, 집합 A를 집합 B의 **부분집합**이라 한다.

   ① $A \subset B,\ B \supset A$

      → 집합 A는 집합 B에 포함된다.

      → 집합 B는 집합 A를 포함한다.

      → 집합 A는 집합 B의 **부분집합**이다.

   ② $A \subset B$이고 $B \subset C$이면 $A \subset C$이다.

   ③ $A \subset B$이고 $A \neq B$일 때, 집합 A를 집합 B의 **진부분집합**이라 한다.

강의 부분집합은 공집합과 전체집합을 포함한다.

① 포함 관계 : $A \subset B$

   → A는 B에 포함된다.

   → A는 B의 부분집합이다.

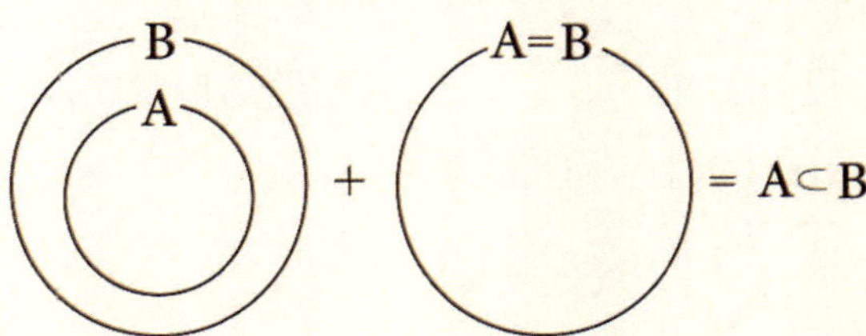

   → 진부분집합 + 상등 = 부분집합($A \subset B$)

② 출제 ; 포함 = 만족 = 충분조건 → $\subset$, $\leq$ 연상

주의 부분집합의 성질

   ① $A \subset A$ ($A \leq A$ 연상)

   ② $\varnothing \subset A, B, C, \cdots$ ($\varnothing$는 모든 집합의 부분집합)

   ③ $A \subset B,\ A \neq B$ (진부분집합)

   ④ $A \subset B,\ B \subset A \Leftrightarrow A = B$ (A와 B는 상등)

   ⑤ $A \subset B,\ B \subset C \rightarrow A \subset C$ (삼단논법)

집합 $A = \{\varnothing, 2, \{2\}\}$의 원소와 부분집합을 각각 구하시오.

탐구 원소는 소속 관계, 부분집합은 포함 관계이다.

풀이
① 원소 → $\in$ (삼지창)

　　→ $\varnothing, 2, \{2\}$ (3개)

② 부분집합 → $\subset$ (이지창)

　　원소 0개 → $\varnothing$

　　원소 1개 → $\{\varnothing\}, \{2\}, \{\{2\}\}$

　　원소 2개 → $\{\varnothing, 2\}, \{\varnothing, \{2\}\}, \{2, \{2\}\}$

　　원소 3개 → $\{\varnothing, 2, \{2\}\}$

정답 원소 : $\varnothing, 2, \{2\}$

부분집합 : $\varnothing, \{\varnothing\}, \{2\}, \{\{2\}\}, \{\varnothing, 2\}, \{\varnothing, \{2\}\}, \{2, \{2\}\}, \{\varnothing, 2, \{2\}\}$

유제 05-1 집합 $A = \{1, 3, 5, 7\}$일 때, 집합 A의 부분집합을 모두 구하시오.

유제 05-2 집합 $A = \{0, \{1\}\}$일 때, 다음 중 옳은 것을 모두 고르시오.

① $0 \subset A$　　　　② $\{1\} \subset A$　　　　③ $\{\{1\}\} \subset A$

④ $\{0, 1\} \subset A$　　　　⑤ $\{0, \{1\}\} \subset A$

유제 05-3 집합 $A = \{0, 1, 2, \{1, 2\}\}$일 때, 다음 중 옳은 것은?

① $\begin{cases} \varnothing \in A \\ \varnothing \subset A \end{cases}$　　　② $\begin{cases} 0 \in A \\ 0 \subset A \end{cases}$　　　③ $\begin{cases} \{1\} \in A \\ \{1\} \subset A \end{cases}$

④ $\begin{cases} \{1, 2\} \in A \\ \{1, 2\} \subset A \end{cases}$　　　⑤ $\begin{cases} \{\{1, 2\}\} \in A \\ \{\{1, 2\}\} \subset A \end{cases}$

(1) 집합 A와 집합 B가 서로 같은 집합일 때, $A=B$로 나타낸다.

(2) $A \subset B$이고 $B \subset A$이면 $A=B$이다.

(3) 두 집합 A, B가 서로 같다는 것은 A의 원소와 B의 원소가 서로 같다는 것을 의미한다.

강의 $A=B$의 의미는 그 원소가 같다는 뜻이다!

① $A=B \Leftrightarrow A \subset B$ and $B \subset A$

② $A=B \Leftrightarrow (A$의 원소$)=(B$의 원소$)$

기 | 본 | 예 | 제 06

두 집합 $A=\{1, a+1, a^2-2\}$, $B=\{4, 7, a^2-2a-2\}$에 대하여 $A=B$일 때, 상수 a의 값을 구하시오.

탐구 $A=B \Leftrightarrow (A$의 원소$)=(B$의 원소$)$

풀이 $1 \in A$이므로 $A=B$이려면 $a^2-2a-2=1$이다.

$a^2-2a-3=0$ $(a-3)(a+1)=0$ $\therefore a=3$ 또는 $a=-1$

ⅰ) $a=3$이면 $A=\{1, 4, 7\}$이므로 $A=B$

ⅱ) $a=-1$이면 $A=\{1, 0, -1\}$이므로 $A \neq B$

따라서 $a=3$이다.

정답 3

유제 06-1 다음 중 서로 같은 집합끼리 짝지으시오.

$A=\{x \mid x$는 $1 \leq x \leq 10$인 정수$\}$ $B=\{x \mid x$는 $1 \leq x \leq 10$인 홀수$\}$

$C=\{x \mid x$는 $1 \leq x \leq 10$인 자연수$\}$ $D=\{2, 3, 5, 7\}$

$E=\{1, 3, 5, 7, 9\}$ $F=\{x \mid x$는 $1 \leq x \leq 10$인 소수$\}$

유제 06-2 두 집합 $A=\{-1, -a, b\}$, $B=\{a^2-2, a+1, 1\}$에 대하여 $A \subset B$이고 $B \subset A$일 때, 상수 a, b의 합을 구하시오.

3 부분집합의 개수

→ 집합 $A=\{a_1,\, a_2,\, a_3,\, \cdots,\, a_n\}$일 때

[1] 집합 A의 부분집합의 개수

  → 2^n

[2] $a_1,\, a_2,\, \cdots,\, a_k$를 모두 포함하는 집합 A의 부분집합의 개수

  → 2^{n-k} (단, $k \le n$)

[3] $a_1,\, a_2,\, \cdots,\, a_m$을 모두 포함하지 않는 집합 A의 부분집합의 개수

  → 2^{n-m} (단, $m \le n$)

[4] k개의 원소는 포함하고, m개의 원소는 포함하지 않는 집합 A의 부분집합의 개수

  → 2^{n-k-m} (단, $k+m \le n$)

[5] 집합 A의 진부분집합의 개수

  → 2^n-1

강의 **부분집합의 개수는 2^n 개이다!**

→ 집합 : $A=\{a_1,\, a_2,\, a_3,\, \cdots\cdots,\, a_n\}$일 때

① 부분집합의 개수 → 2^n

② 진부분집합의 개수 → 2^n-1

③ 원소 m개를 반드시 포함하는 부분집합의 개수 → 2^{n-m}

④ 원소 m개를 포함하고 원소 l개는 불포함하는 부분집합의 개수 → 2^{n-m-l}

⑤ 부분집합의 원소의 개수가 k개인 부분집합의 개수 → $_nC_k$

주의 "반드시"라는 개념이 있으면 제외하고 생각 or 계산하라!

기│본│예│제 07

집합 $A=\{x\,|\,x$는 30 이하의 2와 3의 공배수$\}$라 할 때, 집합 A의 부분집합의 개수를 구하시오.

탐구 원소의 개수가 n개인 집합의 부분집합의 개수 → 2^n

풀이 $A=\{6,\, 12,\, 18,\, 24,\, 30\}$이므로 A의 부분집합의 개수는 $2^5=32$이다.

정답 32

유제 07-1 20 미만의 자연수 중 3의 배수인 수의 집합을 M이라 할 때, M의 진부분집합의 개수를 구하시오.

유제 07-2 집합 A의 진부분집합의 개수가 127개일 때, $n(A)$의 값을 구하시오.

기 | 본 | 예 | 제 08

집합 $A = \{a_1, a_2, a_3, a_4, a_5, a_6\}$의 부분집합 중에서 다음을 구하시오.

(1) a_1, a_2, a_3을 반드시 원소로 갖는 부분집합의 개수

(2) a_1, a_2는 반드시 원소로 갖고 a_3은 원소로 갖지 않는 부분집합의 개수

탐구 수학에서 반드시 포함하거나 불포함하는 경우에는 제외시키고 생각 또는 계산하라!

풀이 (1) $2^{6-3} = 2^3 = 8$

(2) $2^{6-2-1} = 2^3 = 8$

정답 (1) 8 (2) 8

유제 08-1 집합 $A = \{a, b, c, d\}$에 대하여 원소 a를 반드시 포함하는 집합 A의 부분집합의 개수를 구하시오.

유제 08-2 집합 $A = \{1, 2, 3, 4, 5, 6\}$에 대하여 적어도 한 개의 홀수를 포함하는 집합 A의 부분집합의 개수를 구하시오.

두 집합

$$A=\{x\,|\,x는\ 20\ 이하의\ 2의\ 배수\},\quad B=\{x\,|\,x는\ 20\ 이하의\ 4의\ 배수\}$$

에 대하여 $B\subset X\subset A$를 만족하는 집합 X의 개수를 구하시오.

탐구 $B\subset X\subset A$를 만족하는 X는 B를 포함하는 A의 부분집합이다.

풀이   집합 A와 B를 원소나열법으로 나타내면

$$A=\{2,\ 4,\ 6,\ \cdots,\ 20\}$$

$$B=\{4,\ 8,\ 12,\ \cdots,\ 20\}$$

집합 X는 집합 A의 부분집합 중 $4, 8, 12, \cdots, 20$을 반드시 포함하는 부분집합이므로 집합 X의 개수를 구하면

$$2^{10-5}=2^5=32$$

정답   32

유제 09-1   두 집합 $A=\{5,\ 10,\ 15,\ 20,\ \cdots,\ 50\}$, $B=\{10,\ 20,\ 30,\ 40,\ 50\}$에 대하여 $B\subset X\subset A$를 만족하는 집합 X의 개수를 구하시오.

유제 09-2   두 집합 $A=\{1,\ 2,\ 3,\ 4,\ 5,\ 6\}$, $B=\{4,\ 5\}$에 대하여 $B\subset X\subset A$를 만족하는 집합 X의 개수를 구하시오.

유제 09-3   두 집합 $A=\{1,\ 2,\ 3,\ 4,\ 5\}$, $B=\{1,\ 2\}$에 대하여 $B\subset X\subset A$를 만족하고 모든 원소의 합이 3의 배수인 집합 X의 개수를 구하시오.

[1] 순서쌍

(1) 집합 A의 한 원소 a와 집합 B의 한 원소 b를 취하여 순서를 생각해서 만든 a와 b의 쌍을 **순서쌍**이라 하고, (a, b)로 나타낸다.

(2) $a{\in}A$, $b{\in}B$인 순서쌍 (a, b)

[2] 곱집합

(1) $a{\in}A$, $b{\in}B$인 모든 순서쌍 (a, b)의 집합을 A와 B의 **곱집합**이라 하고, $A{\times}B$로 나타낸다.

(2) $A{\times}B=\{(a, b)\,|\,a{\in}\mathrm{A},\ b{\in}\mathrm{B}\}$

(3) $n(A{\times}B)=(\text{모든 순서쌍의 개수})=n(A){\times}n(B)$

체크 ① $(a, b)\neq(b, a)$ ② $A{\times}B\neq B{\times}A$

강의 **곱집합은 모든 순서쌍의 집합이다!**

→ $\{\text{모든 순서쌍}\}$

→ $X{\times}Y=\{(x, y)\,|\,x{\in}X,\ y{\in}Y\}$

→ $n(X{\times}Y)=(\text{모든 순서쌍의 개수})=n(X){\times}n(Y)$

기 | 본 | 예 | 제 10

두 집합 A, B에 대하여 $A=\{1, 2\}$, $B=\{1, 2, 3\}$일 때, $A{\times}B$의 진부분집합의 개수를 구하시오.

탐구 $n(A{\times}B)=(\text{모든 순서쌍의 개수})=n(A){\times}n(B)$

풀이 $n(A{\times}B)=n(A){\times}n(B)=2{\times}3=6$

$A{\times}B$의 진부분집합의 개수 $\to 2^6-1=63$

정답   63

유제 10-1 두 집합 A, B에 대하여 $A=\{a, b\}$, $B=\{3, 4\}$일 때, $A{\times}B$의 부분집합의 개수를 구하시오.

유제 10-2 두 집합 A, B에 대하여 $n(A)+n(B)=6$일 때, $n(A{\times}B)$가 될 수 있는 모든 값의 합을 구하시오.

→ 집합 A의 모든 부분집합을 원소로 하는 집합을 A의 **멱집합**이라 하고, 2^A 또는 $P(A)$로 나타낸다.

→ $2^A = \{X \mid X \subset A\}$

강의 **멱집합은 모든 부분집합의 집합이다!**

→ {모든 부분집합}

→ $2^A = \{X \mid X \subset A\}$

→ $n(2^A) = (A$의 부분집합의 개수$) = 2^n$

기|본|예|제 **11**

집합 $A = \{1, 2\}$일 때, $2^A = \{X \mid X \subset A\}$라 정의하면 2^A의 부분집합의 개수를 구하시오.

탐구 $2^A = \{X \mid X \subset A\}$일 때, 2^A의 원소의 개수는 A의 부분집합의 개수이다.

풀이 2^A의 원소의 개수는 집합 A의 부분집합의 개수이므로

$$n(2^A) = 2^2 = 4$$

따라서 2^A의 부분집합의 개수를 구하면

$$2^4 = 16$$

정답 16

유제 **11-1** 집합 A에 대하여 $2^A = \{X \mid X \subset A\}$로 정의할 때, 다음 중 옳은 것을 고르시오.

① $\{A\} = 2^A$ ② $\{A\} \in 2^A$ ③ $\{A\} \subset 2^A$

④ $A \subset 2^A$ ⑤ $A \not\in 2^A$

유제 **11-2** 집합 $A = \{1, 2, 3\}$일 때, $2^A = \{X \mid X \subset A\}$라 정의하면 2^{2^A}의 원소의 개수를 구하시오.

03 집합의 연산

1 합집합과 교집합, 서로소

[1] 합집합 $(A \cup B)$

(1) 집합 A에 속하거나 집합 B에 속하는 모든 원소의 집합을 A와 B의 **합집합**이라 한다.

(2) $A \cup B = \{x \mid x \in A \text{ or } x \in B\}$

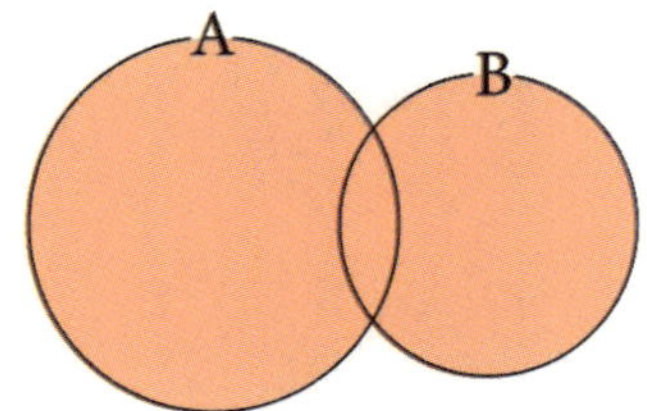 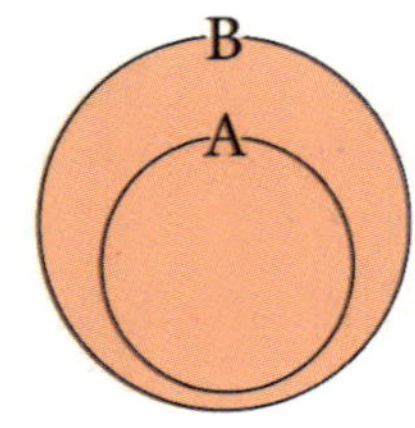 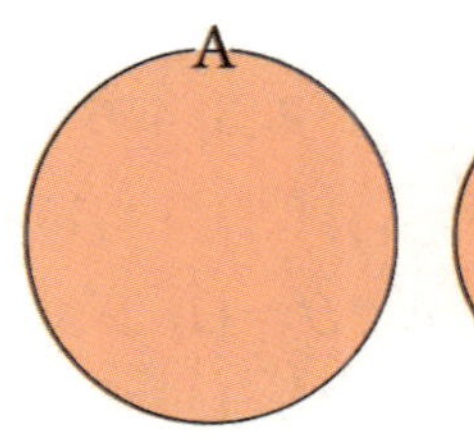 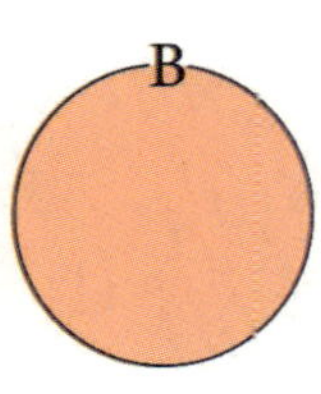

> **체크** or 법칙 : 단독성, 개별성 ⇒ 또는, 이거나, 적어도 하나

[2] 교집합 $(A \cap B)$

(1) 집합 A에도 속하고 집합 B에도 속하는 모든 원소의 집합을 A와 B의 **교집합**이라 한다.

(2) $A \cap B = \{x \mid x \in A \text{ and } x \in B\}$

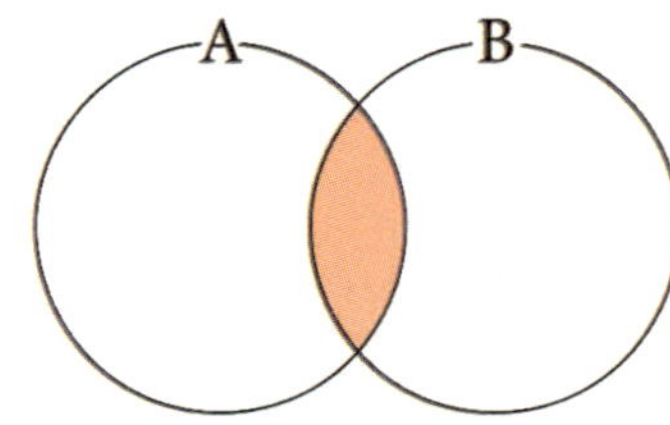 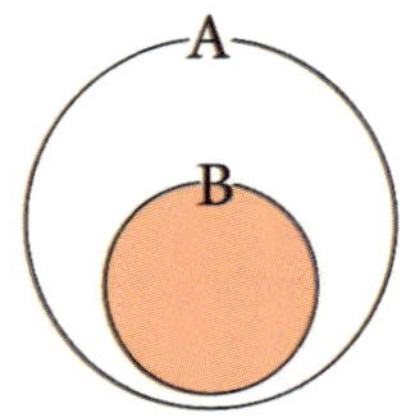 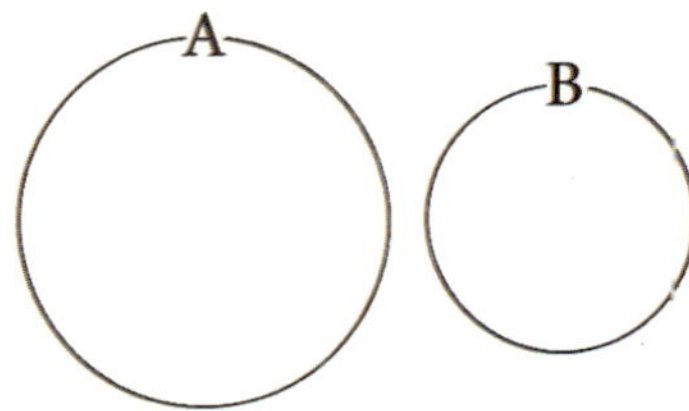

> **체크** and 법칙 : 동시성, 연속성, 연립성 ⇒ 그리고, 이고, 모두

[3] 서로소

➜ 두 집합 A, B에 속하는 공통된 원소가 하나도 없을 때
즉, $A \cap B = \varnothing$ 일 때, 집합 A와 B는 **서로소**라 한다.

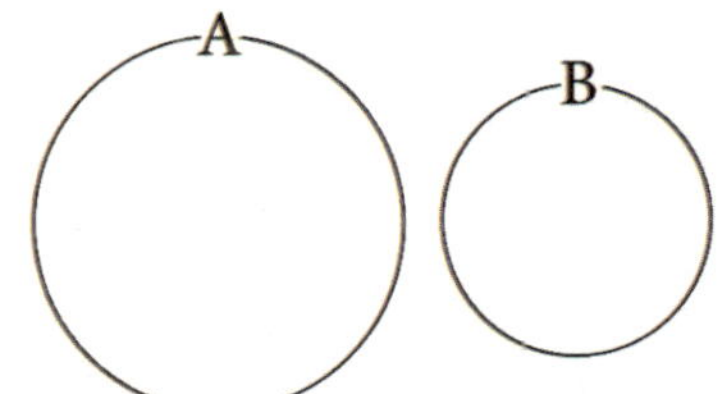

강의 **or 법칙과 and 법칙은 그 의미를 명확히 해야 한다!**

① or 법칙 → 또는, 이거나, 적어도 하나 → 단독성, 개별성

➜ or 연결 ; $\cup$

➜ 합집합 $A \cup B = \{x \mid x \in A \text{ or } x \in B\}$

② and 법칙 → 그리고, 이고, 모두 → 동시성, 연속성, 연립성

➜ and 연결 ; $\cap$

➜ 교집합 $A \cap B = \{x \mid x \in A \text{ and } x \in B\}$

두 집합 $A=\{x|x$는 24의 약수$\}, B=\{x|x$는 20 이하의 3의 배수$\}$에 대하여 다음 집합을 구하시오.

(1) $A \cup B$ (2) $A \cap B$

탐구
① $A \cup B = \{x|x \in A \text{ or } x \in B\}$

② $A \cap B = \{x|x \in A \text{ and } x \in B\}$

풀이 두 집합 A, B를 원소나열법으로 나타내면

$A = \{1, 2, 3, 4, 6, 8, 12, 24\},$

$B = \{3, 6, 9, 12, 15, 18\}$

(1) $A \cup B = \{1, 2, 3, 4, 6, 8, 9, 12, 15, 18, 24\}$

(2) $A \cap B = \{3, 6, 12\}$

정답 (1) $A \cup B = \{1, 2, 3, 4, 6, 8, 9, 12, 15, 18, 24\}$ (2) $A \cap B = \{3, 6, 12\}$

유제 12-1 세 집합

$A = \{x|x$는 12의 약수$\}$, $B = \{x|x$는 15의 약수$\}$, $C = \{x|x$는 20의 약수$\}$

에 대하여 다음 집합을 구하시오.

(1) $A \cup (B \cap C)$ (2) $(A \cup B) \cap C$

유제 12-2 두 집합 A, B에 대하여 $A = \{x|x < -1, x > 1\}$, $B = \{x|\alpha \leq x \leq \beta\}$일 때, $A \cup B = \{x|x$는 모든 실수$\}$, $A \cap B = \{x|1 < x \leq 3\}$이 되게 하는 α, β의 값을 구하시오.

두 집합 $A = \{2, 3, a^2+1\}$, $B = \{a+1, 4, a+3\}$일 때, $A \cap B = \{3, 5\}$를 만족하는 상수 a의 값을 구하시오.

탐구 $A \cap B$는 집합 A에도 속하고 집합 B에도 속하는 모든 원소의 집합을 의미한다.

풀이 $a^2+1 = 5$에서 $a = \pm 2$

ⅰ) $a = 2$이면 $B = \{3, 4, 5\}$ $\therefore A \cap B = \{3, 5\}$

ⅱ) $a = -2$이면 $B = \{-1, 4, 1\}$ $\therefore A \cap B = \varnothing$

$\therefore a = 2$

정답 2

 두 집합 $A=\{a-1,\,2,\,a+2\}$, $B=\{1,\,a^2,\,3\}$일 때 $A\cap B=\{1,\,4\}$를 만족하는 상수 a의 값을 구하시오.

 두 집합 $A=\{3,\,a^2-4a-8\}$, $B=\{a+1,\,4,\,a^2-1\}$에 대하여 $A\cap B=\{3,\,4\}$일 때, $A\cup B$를 구하시오.

기|본|예|제 14

n은 1부터 9까지의 자연수이고 집합 $A_n=\{x\,|\,2(n-1)\le x\le 2(n+1),\,x$는 실수$\}$일 때, 모든 A_n과 서로소가 아니면서 원소의 개수가 최소인 집합 B를 구하시오.

탐구 집합 A_n에 1부터 9까지의 자연수를 대입해보면 모든 A_n과 서로소가 아니면서 개수가 최소인 집합 B를 구할 수 있다.

① A_n과 B가 서로소가 아니다. $\rightarrow A_n\cap B\ne\varnothing$

② B의 원소의 개수가 최소이다. $\rightarrow B\subset A_n$

풀이 $A_1 : 0\le x\le 4,\ A_2 : 2\le x\le 6,\ A_3 : 4\le x\le 8,\ \cdots$

$$\therefore\ 4\in B$$

$A_4 : 6\le x\le 10,\ A_5 : 8\le x\le 12,\ A_6 : 10\le x\le 14,\ \cdots$

$$\therefore\ 10\in B$$

$A_7 : 12\le x\le 16,\ A_8 : 14\le x\le 18,\ A_9 : 16\le x\le 20$

$$\therefore\ 16\in B$$

따라서 원소가 최소인 집합 $B=\{4,\,10,\,16\}$이다.

정답 $B=\{4,\,10,\,16\}$

 k는 1부터 6까지의 자연수이고 집합 $A_k=\{x\,|\,2k-1\le x\le 2k+1,\,x$는 실수$\}$일 때, 모든 A_k와 서로소가 아니면서 원소의 개수가 최소인 집합 B를 구하시오.

 집합 $A_n=\{x\,|\,2n-3\le x\le 2n+3,\,x$는 실수$\}$에 대하여 n은 1에서 12까지의 자연수일 때, 모든 A_n과 서로소가 아니면서 원소의 개수가 최소인 집합 B의 부분집합의 개수를 구하시오.

[1] 차집합 $(A-B)$

(1) 집합 A에는 속하지만 집합 B에는 속하지 않는 모든 원소의 집합을 A에 대한 B의 **차집합**이라 한다.

(2) $A-B=\{x \,|\, x \in A \text{ and } x \not\in B\}$

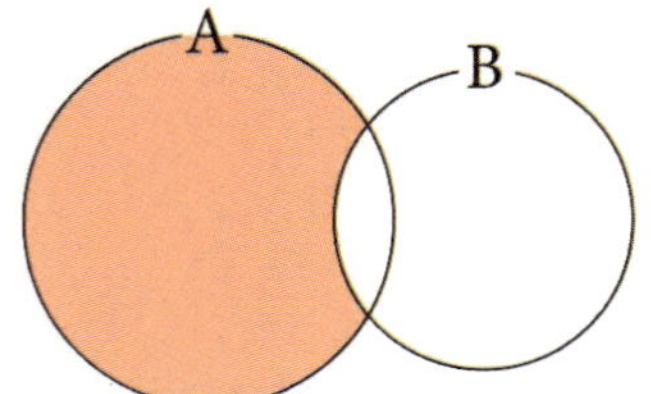
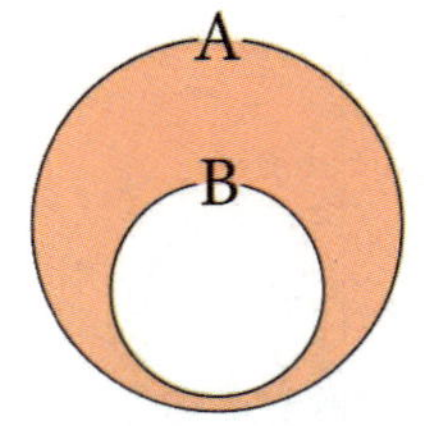
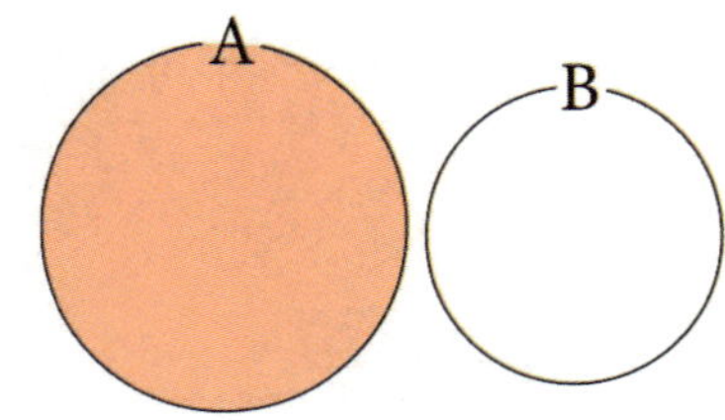

[2] 여집합 (A^C)

(1) 집합 A가 전체집합 U의 부분집합일 때, U에는 속하지만 A에는 속하지 않는 모든 원소의 집합을 A의 **여집합**이라 한다.

(2) $A^C=\{x \,|\, x \in U \text{ and } x \not\in A\}$

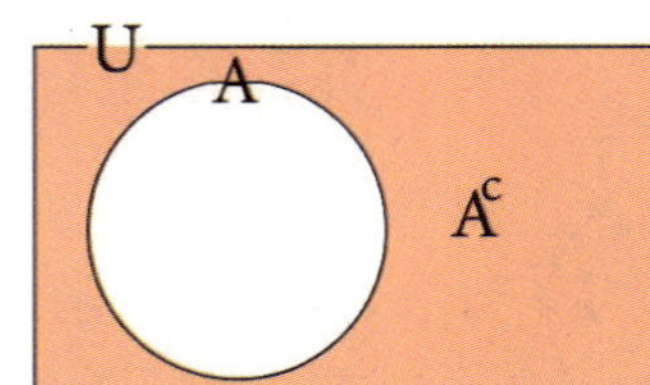

강의 차집합과 여집합의 관계는 시험에 잘 나온다!

① $A \cap B^C = A - B$
$\quad\quad = (A \cup B) - B$
$\quad\quad = A - (A \cap B)$

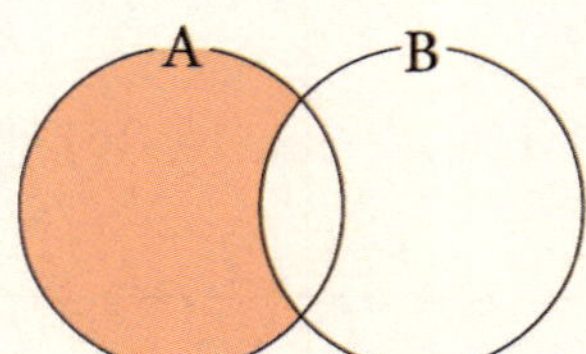

② $A^C \cap B = B - A$
$\quad\quad = (A \cup B) - A$
$\quad\quad = B - (A \cap B)$

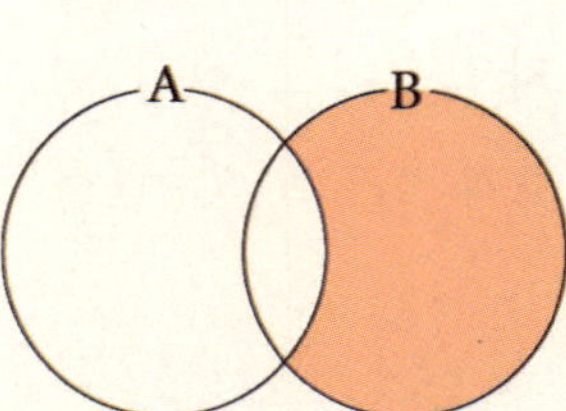

주의 ① $A^C = U - A$

② $(A \cup B)^C = U - (A \cup B)$

세 집합

$A = \{x \mid 10 < x \le 15,\ x는\ 정수\}$, $B = \{x \mid 5 \le x \le 13,\ x는\ 정수\}$,

$C = \{x \mid 3 \le x < 8,\ x는\ 정수\}$

에 대하여 집합 $(B-A) \cap C^{C}$을 구하시오.

탐구 $A \cap B^{C} = A - B$

풀이 집합 A, B, C를 원소나열법으로 나타내면

$A = \{11, 12, 13, 14, 15\}$, $B = \{5, 6, 7, \cdots, 11, 12, 13\}$, $C = \{3, 4, 5, 6, 7\}$

$(B-A) \cap C^{C} = (B-A) - C = \{5, 6, 7, 8, 9, 10\} - \{3, 4, 5, 6, 7\}$

$\qquad\qquad\qquad\qquad = \{8, 9, 10\}$

정답 $\{8, 9, 10\}$

유제 15-1 세 집합 $A = \{x \mid 0 \le x \le 10,\ x는\ 정수\}$, $B = \{x \mid 0 < x < 10,\ x는\ 소수\}$, $C = \{x \mid 1 \le x \le 9,\ x는\ 실수\}$일 때, 집합 $(A-B) \cap C$를 구하시오.

유제 15-2 전체집합 $U = \{1, 2, 3, 4, 5, 6\}$의 두 부분집합 A, B에 대하여 $A \cap B^{C} = \{1, 5\}$, $A^{C} = \{2, 4, 6\}$, $(A \cup B)^{C} = \{4\}$일 때, 집합 B를 구하시오.

유제 15-3 전체집합 $U = \{1, 2, 3, 4, 5, 6, 7, 8, 9\}$이고 U의 두 부분집합 A, B에 대하여 $A^{C} \cap B^{C} = \{1, 8, 9\}$, $A \cap B = \{3, 7\}$, $A^{C} \cap B = \{4, 5\}$일 때, 다음을 구하시오.

(1) $A \cup B$ (2) A (3) B

[1] 교환법칙

➡ 순서가 바뀐다.

(1) $A \cup B = B \cup A$ (2) $A \cap B = B \cap A$

[2] 결합법칙

➡ 순서는 변하지 않고 괄호의 위치만 변한다.

(1) $(A \cup B) \cup C = A \cup (B \cup C)$ (2) $(A \cap B) \cap C = A \cap (B \cap C)$

[3] 분배법칙

➡ 기호까지 분배된다는 사실에 유의한다.

(1) $A \cap (B \cup C) = (A \cap B) \cup (A \cap C)$ (2) $A \cup (B \cap C) = (A \cup B) \cap (A \cup C)$

[4] 흡수법칙

➡ 큰 것이 작은 것을 흡수한다.

(1) $A \cup (A \cap B) = A$ (2) $A \cap (A \cup B) = A$

[5] 멱등법칙

➡ 서로 같은 것이 연결된다.

(1) $A \cup A = A$ (2) $A \cap A = A$

[6] 부정법칙

➡ 부정의 부정은 긍정이다.

(1) $(A^C)^C = A$ (2) $\left[(A^C)^C\right]^C = A^C$

[7] 드모르간의 법칙

➡ 합집합은 교집합으로, 교집합은 합집합으로 바뀌고, 전체의 부정은 각각의 부정으로, 각각의 부정은 전체의 부정으로 바뀐다.

(1) $(A \cup B)^C = A^C \cap B^C$ (2) $(A \cap B)^C = A^C \cup B^C$

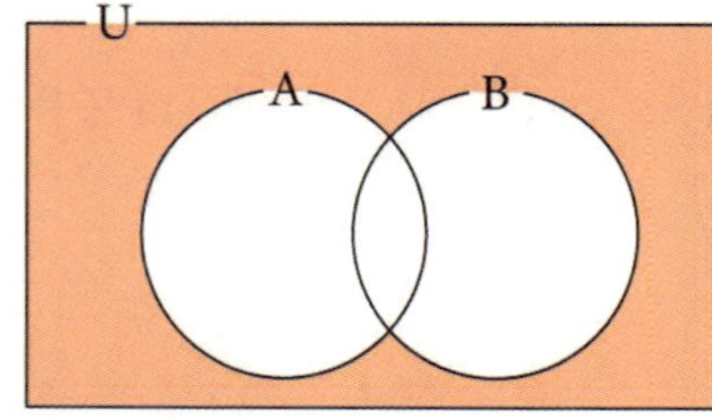

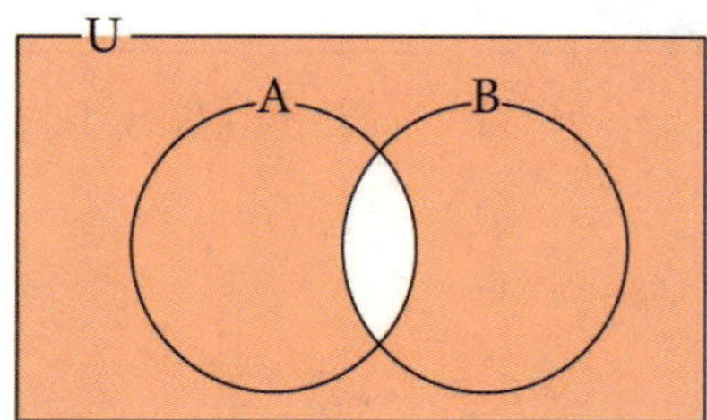

> **체크** ① $(A \cup B)^C = U - (A \cup B) = A^C \cap B^C$
>
> ② $(A \cap B)^C = U - (A \cap B) = A^C \cup B^C$

기 | 본 | 예 | 제 **16**

집합 $A \cup B = \{1, 2, 3, 4, 5, 7\}$, $A \cup C = \{1, 2, 3, 4, 6, 8\}$일 때, 집합 $A \cup (B \cap C)$를 구하시오.

탐구 $A \cup (B \cap C) = (A \cup B) \cap (A \cup C)$

풀이 $A \cup (B \cap C) = (A \cup B) \cap (A \cup C)$
$$= \{1, 2, 3, 4, 5, 7\} \cap \{1, 2, 3, 4, 6, 8\}$$
$$= \{1, 2, 3, 4\}$$

✓ 정답 $\{1, 2, 3, 4\}$

유제 16-1 집합 $C = \{2, 4, 6, 8\}$이고 $A \cap B = \{2, 3, 5, 7\}$일 때, 집합 $(A \cup C) \cap (B \cup C)$를 구하시오.

유제 16-2 집합 $B - A = \{2, 4\}$, $C - A = \{1, 3, 5\}$일 때, 집합 $A^C \cap (B \cup C)$를 구하시오.

다음 중 옳지 않은 것을 고르시오.

① $(A \cap B) \cap C = A \cap (B \cap C)$

② $A \cap (A \cup B) = A$

③ $A^C \cap B^C = (A \cap B)^C$

④ $A \cap (B \cup C) = (A \cap B) \cup (A \cap C)$

⑤ $(A - B) - C = A \cap B^C \cap C^C$

탐구 법칙 또는 공식을 이용하여 변경한 후 판단한다.

풀이

① $(A \cap B) \cap C = A \cap (B \cap C)$ [결합법칙] (○)

② $A \cap (A \cup B) = A$ [흡수법칙] (○)

③ $A^C \cap B^C = (A \cap B)^C$ (×)

$\Rightarrow A^C \cap B^C = (A \cup B)^C$ [드모르간의 법칙]

④ $A \cap (B \cup C) = (A \cap B) \cup (A \cap C)$ [분배법칙] (○)

⑤ $(A - B) - C = (A \cap B^C) \cap C^C = A \cap B^C \cap C^C$ [차집합과 여집합의 관계] (○)

따라서 옳지 않은 것은 ③이다.

정답 ③

유제 17-1 다음 중 옳지 않은 것을 모두 고르시오.

① $(A \cap B) \cup (A \cap C) = A \cap (B \cup C)$

② $(B - A)^C = A \cap B^C$

③ $(A - B)^C - B^C = B$

④ $(A - B) \cap (A - C) = A - (B \cup C)$

⑤ $(A \cup B) \cap (A \cup C) = A \cup (B \cap C)$

유제 17-2 다음 중 옳은 것을 고르시오.

① $(A - B)^C = A^C \cap B$

② $A \cap (A \cup B)^C = B^C$

③ $(A - B) \cup (A - C) = A - (B \cup C)$

④ $(A^C \cup B \cup C)^C = A \cap B^C \cap C^C$

⑤ $A - (B - C)^C = (A - B) - C^C$

[1] 기본성질 Ⅰ

(1) $A \cup A^C = U,\ A \cap A^C = \varnothing$

(2) $A \cup \varnothing = A,\ A \cap \varnothing = \varnothing$

(3) $A \cup U = U,\ A \cap U = A$

(4) $\varnothing^C = U,\ U^C = \varnothing$

[2] 기본성질 Ⅱ

(1) $A \subset B \Leftrightarrow A^C \supset B^C$

(2) $A^C \cup B = U \Leftrightarrow A \cap B^C = \varnothing$

(3) $A \cap B = A \Leftrightarrow A \subset B$ $A \cup B = A \Leftrightarrow A \supset B$

(4) $M \subset A,\ M \subset B \Leftrightarrow M \subset (A \cap B)$ $A \subset M,\ B \subset M \Leftrightarrow (A \cup B) \subset M$

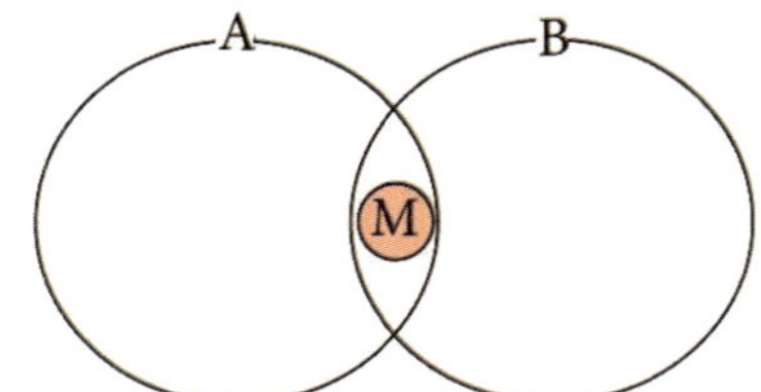

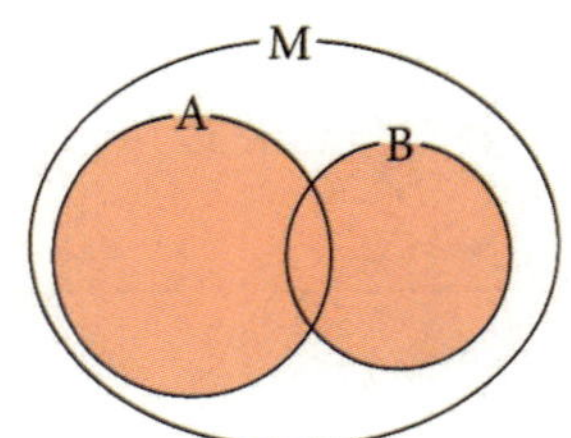

[3] 기본성질 Ⅲ

(1) $A \cap B = \varnothing$이면 A와 B는 서로소이다.

(2) $A \cup B = \varnothing$이면 $A = \varnothing$이고 $B = \varnothing$이다.

(3) $A - B = \varnothing$이면 $A \subset B$이다.

(4) 임의의 A에 대하여 $A \cup X = A$이면 $X = \varnothing$

(5) 임의의 A에 대하여 $A \cap X = A$이면 $X = U$

강의 집합의 기본성질은 공식으로 사용된다!

① $\begin{cases} A \cap B = A \Leftrightarrow A \subset B\,(\text{교} \cdot \text{작}) \\ A \cup B = A \Leftrightarrow B \subset A\,(\text{합} \cdot \text{큰}) \end{cases}$

② $\begin{cases} A \cup B = \varnothing \Leftrightarrow A = \varnothing \text{ and } B = \varnothing \\ A \cap B = U \Leftrightarrow A = U \text{ and } B = U \end{cases}$

전체집합 U의 두 부분집합 A, B에 대하여 $A \subset B$일 때, 항상 성립한다고 할 수 없는 것을 고르시오.

① $A \cup B = B$　　　　　　　　② $A \cap B = A$

③ $(A \cap B)^C = B^C$　　　　　　④ $B^C \subset A^C$

⑤ $A - B = \varnothing$

탐구

① $A \cap B = A \Leftrightarrow A \subset B$ (교·작)

② $A \cup B = A \Leftrightarrow B \subset A$ (합·큰)

풀이

① $A \cup B = B$ (○)　　　→ 합·큰

② $A \cap B = A$ (○)　　　→ 교·작

③ $(A \cap B)^C = B^C$ (×)　　→ 판단 불가 ($A = B$일 때만 성립)

④ $B^C \subset A^C$ (○)　　　→ 방향 반대

⑤ $A - B = \varnothing$ (○)　　→ 소−대 $= \varnothing$, 동−동 $= \varnothing$

따라서 항상 성립한다고 할 수 없는 것은 ③이다.

정답　③

유제 18-1　다음 중 집합의 기본성질에 맞지 않는 것을 고르시오.

① $A \cup B = \varnothing \Leftrightarrow A = \varnothing$이고 $B = \varnothing$

② $A \cap B = U \Leftrightarrow A = U$이고 $B = U$

③ $A - B = \varnothing \Leftrightarrow A \subset B$

④ $(A - B)^C = U \Leftrightarrow A^C \subset B^C$

⑤ $A \cap B = \varnothing \Leftrightarrow A$와 B는 서로소

유제 18-2　전체집합 U의 두 부분집합 A, B에 대하여 $[(A \cap B) \cup (A - B)] \cap B = A$가 성립할 때, 집합 A와 집합 B 사이의 관계를 구하시오.

기 | 본 | 예 | 제 19

다음 중 $A-(B-C)$와 같은 집합을 고르시오.

① $(A\cup B)-(A\cup C)$

② $(A-B)-(A-C)$

③ $(A\cap B)\cup(A-C)$

④ $(A-B)\cup(A\cap C)$

⑤ $(A\cup B)-(A\cap C)$

탐구 관찰하면서 공식이나 법칙이 보이면 변형한다.

풀이

$$A-(B-C) \qquad\qquad\qquad \rightarrow \text{공식 } A-B=A\cap B^C \text{ 이용}$$

$$=A\cap(B\cap C^C)^C \qquad\qquad \rightarrow \text{드모르간의 법칙 이용}$$

$$=A\cap(B^C\cup C) \qquad\qquad \rightarrow \text{분배법칙 이용}$$

$$=(A\cap B^C)\cup(A\cap C) \qquad \rightarrow \text{공식 } A\cap B^C=A-B \text{ 이용}$$

$$=(A-B)\cup(A\cap C) \qquad\quad \rightarrow ④$$

정답 ④

유제 19-1 두 집합 A, B에 대하여 다음 중 집합 $(A\cup B)-(B-A)$와 같은 집합을 고르시오.

① $\varnothing$　　② A　　③ B　　④ $A\cup B$　　⑤ $A\cap B$

유제 19-2 전체집합 U의 세 부분집합 P, Q, R에 대하여 집합

$(P\cap Q)\cup\{R\cap(P^C\cup Q^C)\}$을 간단히 한 것을 고르시오.

① $R\cup(P\cup Q)$　　② $R\cap(P\cup Q)$　　③ $R\cup(P\cup Q)^C$

④ $R\cup(P\cap Q)$　　⑤ $R\cap(P\cap Q)$

→ 대칭차집합은 반드시 벤 다이어그램을 이용한다.

[1] $A \triangle B = (A - B) \cup (B - A)$

$\qquad = (A \cap B^C) \cup (B \cap A^C)$

[2] $A \triangle B = (A \cup B) - (A \cap B)$

$\qquad = (A \cup B) \cap (A \cap B)^C$

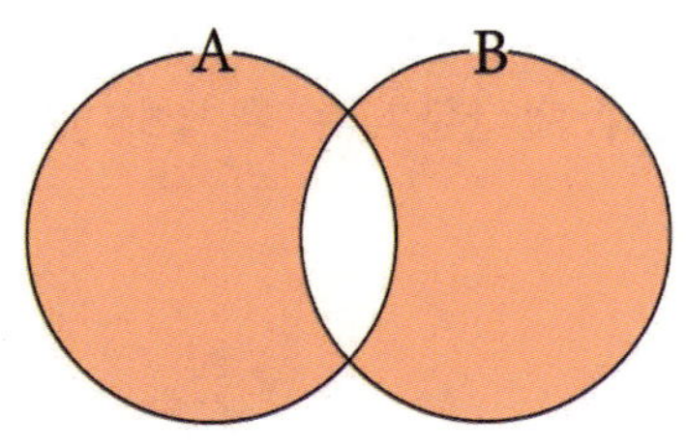

강의 **대칭차집합 문제는 벤 다이어그램을 이용하여 풀면 편리하다!**

① $X \triangle Y = (X - Y) \cup (Y - X)$

→ $X * Y = (X \cap Y^C) \cup (Y \cap X^C)$

② $X \circ Y = (X \cup Y) - (X \cap Y)$

→ $X \odot Y = (X \cup Y) \cap (X \cap Y)^C$

주의 대칭차집합의 의미는 한쪽에 속하면 되고, 양쪽에 속하면 안된다는 것이다.

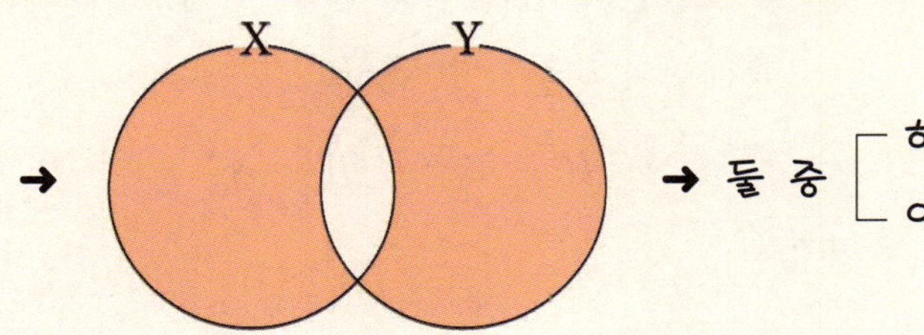

→ 둘 중 [한쪽 속 (○) / 양쪽 속 (×)]

보기 $X \triangle Y = (X \cup Y) \cap (X \cup Y)^C$일 때, $A \triangle (B \triangle C)$를 벤 다이어그램으로 나타내기

$B \triangle C$

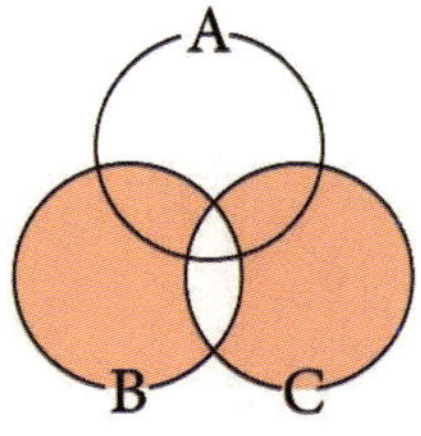

$A \triangle (B \triangle C)$

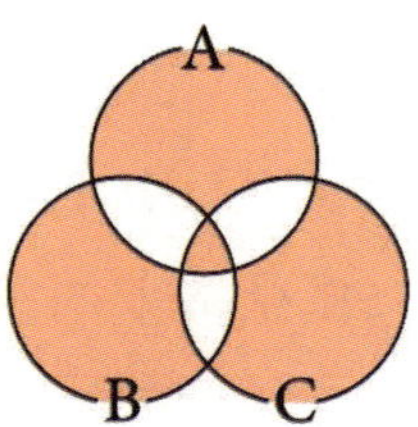

B, C 둘 중 한쪽에 속하는 부분을 색칠한다.

A, $B \triangle C$ 둘 중 한쪽에 속하는 부분을 색칠한다.

전체집합 $U=\{1, 2, 3, 4, 5, 6, 7\}$이고 U의 두 부분집합 A, B에 대하여 $A=\{1, 2, 3\}$, $(A\cup B)\cap(A^C\cup B^C)=\{1, 2, 4, 6\}$일 때, 집합 $A^C\cap B^C$의 원소의 합을 구하시오.

탐구

① 대칭차집합의 의미 $(A\cup B)\cap(A\cap B)^C=(A\cup B)-(A\cap B)$

② 드모르간의 법칙 $A^C\cup B^C=(A\cap B)^C$, $A^C\cap B^C=(A\cup B)^C$

③ 여집합의 의미 $(A\cup B)^C=U-(A\cup B)$

풀이

$$(A\cup B)\cap(A^C\cup B^C)=(A\cup B)\cap(A\cap B)^C$$
$$=(A\cup B)-(A\cap B)$$
$$=\{1, 2, 4, 6\}$$

주어진 집합을 벤 다이어그램으로 나타내면 오른쪽 그림과 같다.

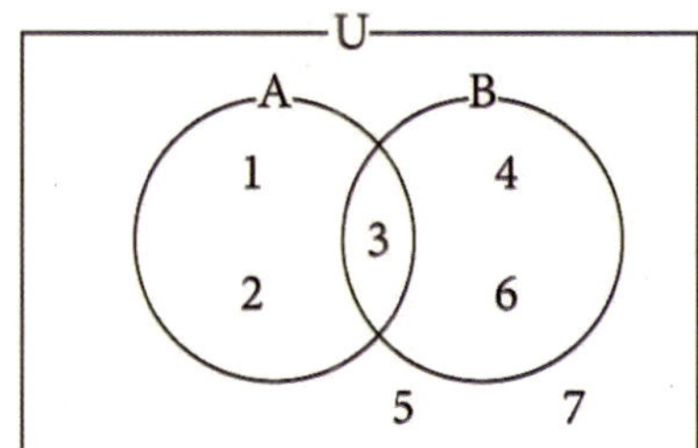

$$A^C\cap B^C=(A\cup B)^C=U-(A\cup B)=\{5, 7\}$$
$$\therefore 5+7=12$$

정답 12

유제 20-1 두 집합 A, B에 대하여 $A=\{1, 2, 3, 4\}$, $(A-B)\cup(B-A)=\{1, 3, 6\}$일 때, 집합 B를 구하시오.

유제 20-2 전체집합 U의 두 부분집합 A, B에 대하여 $A\odot B=(A\cap B)\cup(A\cup B)^C$ 라 정의할 때, 항상 성립한다고 할 수 없는 것을 고르시오. (단, $U\neq\varnothing$)

① $A\odot U=U$　　　　② $A\odot B=B\odot A$　　　　③ $A\odot\varnothing=A^C$

④ $A\odot B=A^C\odot B^C$　　　　⑤ $A\odot A^C=\varnothing$

→ 집합 A의 원소의 개수를 $n(A)$라 하면

(1) $n(A \cup B) = n(A) + n(B) - n(A \cap B)$

(2) $n(A \cup B \cup C) = n(A) + n(B) + n(C) - n(A \cap B) - n(B \cap C) - n(C \cap A) + n(A \cap B \cap C)$

(3) $n(A^C) = n(U) - n(A)$

(4) $n(A^C \cap B^C \cap C^C) = n((A \cup B \cup C)^C) = n(U) - n(A \cup B \cup C)$

(5) $n(A \cap B^C) = n(A) - n(A \cap B) = n(A \cup B) - n(B)$

(6) $n(A \times B) = n(A) \times n(B)$

체크 $A \cap B = \varnothing \implies n(A \cap B) = 0, \ n(A \cap B \cap C) = 0$

① $n(A \cup B) = n(A) + n(B)$

② $n(A \cup B \cup C) = n(A) + n(B) + n(C) - n(B \cap C) - n(C \cap A)$

체크 $n(A \cap B^C) = n(A - B) \neq n(A) - n(B)$

강의 집합의 원소의 개수 문제(Ⅰ)은 공식을 이용하는 것이다.

① $n(A \cup B) = n(A) + n(B) - n(A \cap B)$

→ $n(A \cap B) = n(A) + n(B) - n(A \cup B)$

② $n(A \cup B \cup C)$

$\quad = n(A) + n(B) + n(C) - n(A \cap B) - n(B \cap C) - n(C \cap A) + n(A \cap B \cap C)$

③ $n(A^C) = n(U) - n(A)$

→ $n\left[(A \cup B)^C\right] = n(U) - n(A \cup B)$

④ $n(A \times B) = n(A) \times n(B)$

⑤ $n(2^A) = (A$의 부분집합의 개수$) = 2^k$

⑥ $n(A \cap B^C) = n(A \cup B) - n(B)$

$\quad\quad\quad\quad = n(A) - n(A \cap B)$

주의 $n(A \cap B^C) = n(A - B) \neq n(A) - n(B)$

전체집합 U의 두 부분집합 A, B에 대하여 $n(U)=60$, $n(A)=35$, $n(B)=32$, $n(A\cup B)=43$일 때, $n(A-B)$의 값을 구하시오.

탐구 $\quad$ $n(A-B)$는 반드시 두 가지 공식 중에서 하나를 택하여 해결한다.
$$n(A-B)=n(A\cup B)-n(B)=n(A)-n(A\cap B)$$

풀이 $\quad$ $n(A-B)=n(A\cup B)-n(B)=43-32=11$

정답 $\quad$ 11

유제 21-1 $\quad$ 전체집합 U의 두 부분집합 A, B에 대하여 $n(U)=25$, $n(B-A)=10$, $n(A^C\cap B^C)=5$일 때, $n(A)$의 값을 구하시오.

유제 21-2 $\quad$ 전체집합 U의 두 부분집합 A, B에 대하여 $n(U)=s$, $n(A)=a$, $n(B)=b$, $n(A\cap B)=c$일 때, $n(A^C\cap B^C)$를 s, a, b, c로 나타내시오.

강의 $\quad$ A와 B가 서로소이면 $A\cap B=\varnothing$, $A\cap B\cap C=\varnothing$ 이다!

→ $A\cap B=\varnothing$, $A\cap B\cap C=\varnothing$
→ $n(A\cap B)=0$, $n(A\cap B\cap C)=0$
① $n(A\cup B)=n(A)+n(B)$
② $n(A\cup B\cup C)=n(A)+n(B)+n(C)-n(B\cap C)-n(C\cap A)$

기|본|예|제 **22**

전체집합 U의 세 부분집합 A, B, C에 대하여 $n(A)=5$, $n(B)=4$, $n(C)=3$, $n(A\cup B)=7$, $n(B\cup C)=5$이고 A와 C는 서로소일 때, $n(A\cup B\cup C)$의 값을 구하시오.

탐구 $\quad$ A와 C가 서로소 $\rightarrow A\cap C=\varnothing$, $A\cap B\cap C=\varnothing \rightarrow n(A\cap C)=0$, $n(A\cap B\cap C)=0$

풀이 $\quad$ $n(A\cap B)=n(A)+n(B)-n(A\cup B)$
$\quad\quad \therefore n(A\cap B)=5+4-7=2$
$\quad$ $n(B\cap C)=n(B)+n(C)-n(B\cup C)$
$\quad\quad \therefore n(B\cap C)=4+3-7=2$
$\quad$ $n(A\cup B\cup C)=n(A)+n(B)+n(C)-n(A\cap B)-n(B\cap C)-n(C\cap A)+n(A\cap B\cap C)$
$\quad\quad\quad\quad =5+4+3-2-2-0+0=8$

정답 $\quad$ 8

 전체집합 U의 세 부분집합 A, B, C에 대하여 $n(A)=10$, $n(B)=12$,
$n(C)=10$, $n(A\cup B)=22$, $n(A\cap C)=3$, $n(B\cup C)=20$일 때,
$n(A\cup B\cup C)$의 값을 구하시오.

 전체집합 $U=\{x|x$는 50 이하의 자연수$\}$의 세 부분집합 A, B, C가 다음과 같을
때, $n(A\cup B\cup C)$의 값을 구하시오.
$A=\{x|x$는 5의 배수$\}$
$B=\{x|x$는 9의 배수$\}$
$C=\{x|x$는 10의 배수$\}$

강의 **집합의 원소의 개수 문제(Ⅱ)는 벤 다이어그램을 이용하는 것이다!**

첫째 ; 벤 다이어그램을 그린다.

둘째 ; 미지수를 설정한다.

셋째 ; 연립방정식을 세운다.

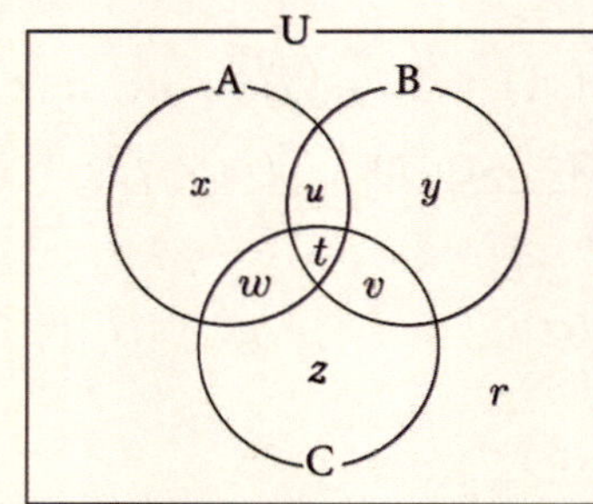

주의 집합의 원소의 개수 문제는 벤 다이어그램을 그리고 각 구간의 미지수를 정하고 연립방
정식을 이용하여 구하면 매우 빠르고 쉽게 구할 수 있다.

有(있을 유)　無(없을 무)

50명의 학생에게 A, B 두 문제를 풀게 했을 때, A는 20명, B는 20명이 풀었고 A 또는 B를 푼 학생이 35명이었다면 A, B를 모두 풀거나 모두 풀지 못한 학생의 수를 구하시오.

탐구 집합의 원소의 개수 문제는 벤 다이어그램을 그리고 각 구간의 미지수를 정하고 연립방정식을 이용하여 구하면 매우 빠르고 쉽게 구할 수 있다.

풀이

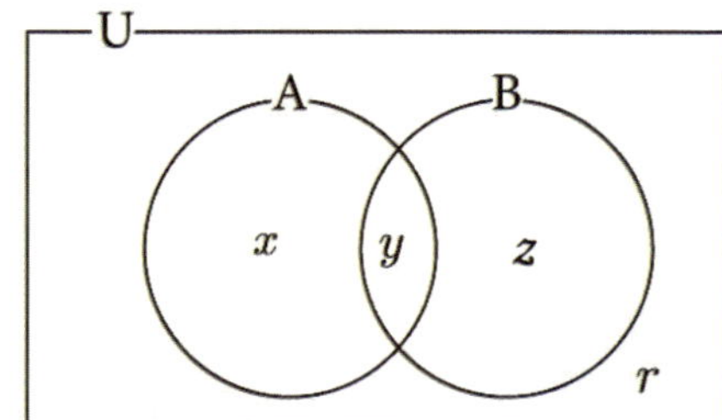

$$U \quad 50명 \rightarrow x+y+z+r=50 \cdots ①$$
$$A \quad 20명 \rightarrow x+y=20 \cdots ②$$
$$B \quad 20명 \rightarrow y+z=20 \cdots ③$$
$$A \text{ 또는 } B \quad 35명 \rightarrow x+y+z=35 \cdots ④$$

A and $B=y \rightarrow ②+③-④ : y=5$

A^C and $B^C=r \rightarrow ①-④ : r=15$

$\quad y+r=5+15=20$

정답 20

유제 23-1 학생 80명이 학원에 영어, 불어 두 과목 중 적어도 한 과목을 신청하였다. 영어를 신청한 학생이 52명, 불어를 신청한 학생이 45명일 때, 한 과목만을 신청한 학생의 수를 구하시오.

유제 23-2 100명에게 두 안건 A, B에 대해 찬성, 반대의 의견을 각각 조사했더니, A 안건에 찬성한 사람은 60명이고 B 안건에 찬성한 사람은 66명이었다. 또 A, B 안건 모두 반대하는 사람의 수는 양쪽 안건을 모두 찬성하는 사람 수의 $\dfrac{1}{3}$ 보다 2명이 많았다고 할 때, 양쪽 안건에 모두 찬성한 사람의 수를 구하시오.

학생들이 좋아하는 운동을 조사하였더니 농구는 13명, 축구는 20명, 야구는 32명이 좋아하고, 농구와 축구를 좋아하는 학생은 5명, 모두 다 좋아하는 학생은 3명이었다. 이때 야구만 좋아하는 학생 수의 최솟값을 구하시오.

탐구 벤 다이어그램을 그려서 구하면 편리하다.

풀이 농구를 좋아하는 학생의 집합을 A, 축구를 좋아하는 학생의 집합을 B, 야구를 좋아하는 학생의 집합을 C라 하면

$$n(A)=13,\ n(B)=20,\ n(C)=32,$$
$$n(A\cap B)=5,\ n(A\cap B\cap C)=3$$

벤 다이어그램을 그려 나타내면 오른쪽 그림과 같다.

이때 야구만 좋아하는 학생이 최소가 되려면 ①과 ②가 최대가 되어야 하므로 ①은 $A-B$, ②는 $B-A$가 되어야 한다.

$$① = n(A-B)=n(A)-n(A\cap B)=13-5=8$$
$$② = n(B-A)=n(B)-n(A\cap B)=20-5=15$$

따라서 야구만 좋아하는 학생의 최솟값을 구하면

$$32-(①+②+3)=32-(8+15+3)$$
$$=6$$

정답 6

유제 24-1 전체집합 U의 두 부분집합 $A,\ B$에 대하여 $n(U)=50$, $n(A)=39$, $n(B)=17$일 때, $n(A\cap B)$의 최댓값 M과 최솟값 m의 차를 구하시오.

유제 24-2 세 권의 책 $A,\ B,\ C$가 있다. A를 읽은 학생은 5명, B를 읽은 학생은 4명, C를 읽은 학생은 7명, A와 B를 모두 읽은 학생은 3명, 세 권을 모두 읽은 학생은 2명일 때, C만 읽은 학생의 수가 가장 적은 경우는 몇 명인지 구하시오.

반복학습 기록란.

가장 좋은 학습방법은 학교에서나 학원에서나 선생님의 강의를 열심히 듣고 여러 번 반복학습하는 것입니다.
지금부터 당장 선생님의 강의를 열심히 듣고 반복! 반복하십시오. 그러면 곧 모든 과목에 자신이 생길 것입니다.

회수	시작이 반!			끝을 봐야!			확인
제1회	년	월	일 부터	년	월	일 까지	
제2회	년	월	일 부터	년	월	일 까지	
제3회	년	월	일 부터	년	월	일 까지	
제4회	년	월	일 부터	년	월	일 까지	
제5회	년	월	일 부터	년	월	일 까지	
제6회	년	월	일 부터	년	월	일 까지	
제7회	년	월	일 부터	년	월	일 까지	
제8회	년	월	일 부터	년	월	일 까지	
제9회	년	월	일 부터	년	월	일 까지	
제10회	년	월	일 부터	년	월	일 까지	

▶ 연습문제 A는 앞에서 배운 기초 단계의 문제이므로 선생님의 도움 없이 스스로
풀어 자신의 실력을 점검해 보도록 하자.

01 다음 모임들 중에서 집합인 것과 집합이 아닌 것을 구별하고, 집합인 것은 그 판단의 기준을
말하시오.
(1) 미국인의 모임과 지식인의 모임
(2) 100보다 큰 수의 모임과 대단히 큰 수의 모임

02 5이상 30 미만의 자연수 중에서 5의 배수인 집합 A를 조건제시법과 원소나열법으로
나타내시오.

03 두 집합 $A = \{1, 2, 3\}$, $B = \{4, 5\}$에 대하여 다음 집합을 원소나열법으로 나타내시오.
(1) $A \oplus B = \{x \mid x = a + b, a \in A, b \in B\}$
(2) $A \otimes B = \{x \mid x = ab, a \in A, b \in B\}$

04 다음 집합 중 무한집합을 모두 고르시오.
① $A = \{x \mid x$는 100 이하의 자연수$\}$
② $B = \{x \mid x$는 $1 \leq x \leq 100$인 실수$\}$
③ $C = \{x \mid x$는 1보다 작은 양의 정수$\}$
④ $D = \{x \mid x$는 한 자리의 자연수$\}$
⑤ $E = \{x \mid x$는 100 이상의 자연수$\}$

05 집합 $A = \{\varnothing, 2, \{2\}\}$의 원소와 부분집합을 각각 구하시오.

06 다음 중 서로 같은 집합끼리 짝지으시오.

$A = \{x \mid x$는 $1 \le x \le 10$인 정수$\}$ $\qquad$ $B = \{x \mid x$는 $1 \le x \le 10$인 홀수$\}$

$C = \{x \mid x$는 $1 \le x \le 10$인 자연수$\}$ $\qquad$ $D = \{2, 3, 5, 7\}$

$E = \{1, 3, 5, 7, 9\}$ $\qquad$ $F = \{x \mid x$는 $1 \le x \le 10$인 소수$\}$

07 집합 $A = \{x \mid x$는 30 이하의 2와 3의 공배수$\}$라 할 때, 집합 A의 부분집합의 개수를 구하시오.

08 집합 $A = \{a_1, a_2, a_3, a_4, a_5, a_6\}$의 부분집합 중에서 다음을 구하시오.

(1) a_1, a_2, a_3를 반드시 원소로 갖는 부분집합의 개수

(2) a_1, a_2는 반드시 원소로 갖고 a_3는 원소로 갖지 않는 부분집합의 개수

09 두 집합

$\qquad A = \{x \mid x$는 20 이하의 2의 배수$\}$, $B = \{x \mid x$는 20 이하의 4의 배수$\}$

에 대하여 $B \subset X \subset A$를 만족하는 집합 X의 개수를 구하시오.

10 두 집합 A, B에 대하여 $A = \{1, 2\}$, $B = \{1, 2, 3\}$일 때, $A \times B$의 진부분집합의 개수를 구하시오.

11 집합 $A=\{1, 2\}$일 때, $2^A=\{X\,|\,X\subset A\}$라 정의하면 2^A의 부분집합의 개수를 구하시오.

12 두 집합 $A=\{x\,|\,x$는 24의 약수$\}$, $B=\{x\,|\,x$는 20 이하의 3의 배수$\}$에 대하여 다음 집합을 구하시오.

(1) $A\cup B$ (2) $A\cap B$

13 두 집합 $A=\{2, 3, a^2+1\}$, $B=\{a+1, 4, a+3\}$일 때, $A\cap B=\{3, 5\}$를 만족하는 상수 a의 값을 구하시오.

14 k는 1부터 6까지의 자연수이고 집합 $A_k=\{x\,|\,2k-1\leq x\leq 2k+1,\ x$는 실수$\}$일 때, 모든 A_k와 서로소가 아니면서 원소의 개수가 최소인 집합 B를 구하시오.

15 세 집합
$$A=\{x\,|\,10<x\leq 15,\ x\text{는 정수}\},\quad B=\{x\,|\,5\leq x\leq 13,\ x\text{는 정수}\},$$
$$C=\{x\,|\,3\leq x<8,\ x\text{는 정수}\}$$
에 대하여 집합 $(B-A)\cap C^C$을 구하시오.

16 집합 $A \cup B = \{1, 2, 3, 4, 5, 7\}$, $A \cup C = \{1, 2, 3, 4, 6, 8\}$일 때, 집합 $A \cup (B \cap C)$를 구하시오.

17 다음 중 옳지 않은 것을 고르시오.
① $(A \cap B) \cap C = A \cap (B \cap C)$
② $A \cap (A \cup B) = A$
③ $A^C \cap B^C = (A \cap B)^C$
④ $A \cap (B \cup C) = (A \cap B) \cup (A \cap C)$
⑤ $(A - B) - C = A \cap B^C \cap C^C$

18 전체집합 U의 두 부분집합 A, B에 대하여 $A \subset B$일 때, 항상 성립한다고 할 수 없는 것을 고르시오.
① $A \cup B = B$
② $A \cap B = A$
③ $(A \cap B)^C = B^C$
④ $B^C \subset A^C$
⑤ $A - B = \varnothing$

19 다음 중 $A - (B - C)$와 같은 집합을 고르시오.
① $(A \cup B) - (A \cup C)$
② $(A - B) - (A - C)$
③ $(A \cap B) \cup (A - C)$
④ $(A - B) \cup (A \cap C)$
⑤ $(A \cup B) - (A \cap C)$

20 전체집합 $U=\{1, 2, 3, 4, 5, 6, 7\}$이고 U의 두 부분집합 A, B에 대하여 $A=\{1, 2, 3\}$, $(A\cup B)\cap(A^C\cup B^C)=\{1, 2, 4, 6\}$일 때, 집합 $A^C\cap B^C$의 원소의 합을 구하시오.

21 전체집합 U의 두 부분집합 A, B에 대하여 $n(U)=60$, $n(A)=35$, $n(B)=32$, $n(A\cup B)=43$일 때, $n(A-B)$의 값을 구하시오.

22 전체집합 U의 세 부분집합 A, B, C에 대하여 $n(A)=5$, $n(B)=4$, $n(C)=3$, $n(A\cup B)=7$, $n(B\cup C)=5$이고 A와 C는 서로소일 때, $n(A\cup B\cup C)$의 값을 구하시오.

23 50명의 학생에게 A, B 두 문제를 풀게 했을 때, A는 20명, B는 20명이 풀었고 A 또는 B를 푼 학생이 35명이었다면 A, B를 모두 풀거나 모두 풀지 못한 학생의 수를 구하시오.

24 학생들이 좋아하는 운동을 조사하였더니 농구는 13명, 축구는 20명, 야구는 32명이 좋아하고, 농구와 축구를 좋아하는 학생은 5명, 모두 다 좋아하는 학생은 3명이었다. 이때 야구만 좋아하는 학생 수의 최솟값을 구하시오.

▶ 연습문제 B는 앞에서 배운 중급 단계의 문제이므로 선생님의 도움 없이 스스로 풀어 자신의 실력을 점검해 보도록 하자.

01 다음 중 집합인 것을 고르고 그 원소를 쓰시오.
ㄱ 100에 가까운 수의 모임
ㄴ 90보다 큰 두 자리 자연수의 모임
ㄷ 달리기를 잘 하는 학생의 모임
ㄹ 키가 큰 나무의 모임

02 다음 집합을 원소나열법으로 나타낸 것은 조건제시법으로 바꾸어 나타내고, 조건제시법으로 나타낸 것은 원소나열법으로 바꾸어 나타내시오.
(1) $A = \{x \mid x$는 $1 < x < 10$인 짝수$\}$
(2) $B = \{x \mid x$는 18의 약수$\}$
(3) $C = \{2, 3, 5, 7, 11, 13, 17, 19\}$
(4) $D = \{5, 10, 15, 20, \cdots, 100\}$

03 두 집합 $A = \{0, 1\}$, $B = \{1, 2, 3\}$에 대하여 $A \otimes B$를 다음과 같이 정의할 때, $(A \otimes A) \otimes B$를 원소나열법으로 나타내시오.

$$A \otimes B = \{x \mid x = ab, a \in A, \ b \in B\}$$

04 다음 중 옳은 것을 모두 고르시오.
① $A = \{x \mid x$는 한 자리의 소수$\}$이면 $n(A) = 9$
② $B = \{x \mid x$는 두 자리의 자연수$\}$이면 $n(B) = 99$
③ $n(\{\varnothing\}) + n(\varnothing) = 1$
④ $n(\{2, 4, 6, 8, 10\}) - n(\{2, 4, 6, 8\}) = 10$
⑤ $n(\{11, 12, 13, \cdots, 20\}) = n(\{1, 2, 3, \cdots, 10\})$

05 집합 $A = \{0, 1, 2, \{1, 2\}\}$일 때, 다음 중 옳은 것은?

① $\begin{cases} \varnothing \in A \\ \varnothing \subset A \end{cases}$ ② $\begin{cases} 0 \in A \\ 0 \subset A \end{cases}$ ③ $\begin{cases} \{1\} \in A \\ \{1\} \subset A \end{cases}$

④ $\begin{cases} \{1, 2\} \in A \\ \{1, 2\} \subset A \end{cases}$ ⑤ $\begin{cases} \{\{1, 2\}\} \in A \\ \{\{1, 2\}\} \subset A \end{cases}$

06 두 집합 $A = \{1, a+1, a^2-2\}$, $B = \{4, 7, a^2-2a-2\}$에 대하여 $A = B$일 때, 상수 a의 값을 구하시오.

07 집합 A의 진부분집합의 개수가 127개일 때, $n(A)$의 값을 구하시오.

08 집합 $A = \{1, 2, 3, 4, 5, 6\}$에 대하여 적어도 한 개의 홀수를 포함하는 집합 A의 부분집합의 개수를 구하시오.

09 두 집합 $A = \{1, 2, 3, 4, 5\}$, $B = \{1, 2\}$에 대하여 $B \subset X \subset A$를 만족하고 모든 원소의 합이 3의 배수인 집합 X의 개수를 구하시오.

10 두 집합 A, B에 대하여 $n(A)+n(B)=6$일 때, $n(A \times B)$가 될 수 있는 모든 값의 합을 구하시오.

11 집합 $A = \{1, 2, 3\}$일 때, $2^A = \{X | X \subset A\}$라 정의하면 2^{2^A}의 원소의 개수를 구하시오.

12 두 집합 A, B에 대하여 $A = \{x | x < -1, \ x > 1\}$, $B = \{x | \alpha \le x \le \beta\}$일 때, $A \cup B = \{x | x$는 모든 실수$\}$, $A \cap B = \{x | 1 < x \le 3\}$이 되게 하는 α, β의 값을 구하시오.

13 두 집합 $A = \{3, \ a^2 - 4a - 8\}$, $B = \{a + 1, \ 4, \ a^2 - 1\}$에 대하여 $A \cap B = \{3, 4\}$일 때, $A \cup B$를 구하시오.

14 n은 1부터 9까지의 자연수이고 집합 $A_n = \{x | 2(n-1) \le x \le 2(n+1), \ x$는 실수$\}$일 때, 모든 A_n과 서로소가 아니면서 원소의 개수가 최소인 집합 B를 구하시오.

15 전체집합 $U = \{1, 2, 3, 4, 5, 6\}$의 두 부분집합 A, B에 대하여 $A \cap B^C = \{1, 5\}$, $A^C = \{2, 4, 6\}$, $(A \cup B)^C = \{4\}$일 때, 집합 B를 구하시오.

16 집합 $B-A=\{2,4\}$, $C-A=\{1,3,5\}$일 때, 집합 $A^C\cap(B\cup C)$를 구하시오.

17 다음 중 옳지 않은 것을 모두 고르시오.
① $(A\cap B)\cup(A\cap C)=A\cap(B\cup C)$
② $(B-A)^C=A\cap B^C$
③ $(A-B)^C-B^C=B$
④ $(A-B)\cap(A-C)=A-(B\cup C)$
⑤ $(A\cup B)\cap(A\cup C)=A\cup(B\cap C)$

18 전체집합 U의 두 부분집합 A, B에 대하여 $[(A\cap B)\cup(A-B)]\cap B=A$가 성립할 때, 집합 A와 집합 B 사이의 관계를 구하시오.

19 전체집합 U의 세 부분집합 P, Q, R에 대하여 집합 $(P\cap Q)\cup\{R\cap(P^C\cup Q^C)\}$을 간단히 한 것을 고르시오.

① $R\cup(P\cup Q)$ ② $R\cap(P\cup Q)$ ③ $R\cup(P\cup Q)^C$
④ $R\cup(P\cap Q)$ ⑤ $R\cap(P\cap Q)$

20 전체집합 U의 두 부분집합 A, B에 대하여 $A\odot B=(A\cap B)\cup(A\cup B)^C$ 라 정의할 때, 항상 성립한다고 할 수 없는 것을 고르시오. (단, $U\neq\varnothing$)

① $A\odot U=U$ ② $A\odot B=B\odot A$ ③ $A\odot\varnothing=A^C$
④ $A\odot B=A^C\odot B^C$ ⑤ $A\odot A^C=\varnothing$

21 전체집합 U의 두 부분집합 A, B에 대하여 $n(U)=25$, $n(B-A)=10$, $n(A^C \cap B^C)=5$일 때, $n(A)$의 값을 구하시오.

22 전체집합 $U=\{x \mid x$는 50 이하의 자연수$\}$의 세 부분집합 A, B, C가 다음과 같을 때, $n(A \cup B \cup C)$의 값을 구하시오.
$A=\{x \mid x$는 5의 배수$\}$
$B=\{x \mid x$는 9의 배수$\}$
$C=\{x \mid x$는 10의 배수$\}$

23 100명에게 두 안건 A, B에 대해 찬성, 반대의 의견을 각각 조사했더니, A 안건에 찬성한 사람은 60명이고 B 안건에 찬성한 사람은 66명이었다. 또 A, B 안건 모두 반대하는 사람의 수는 양쪽 안건을 모두 찬성하는 사람 수의 $\dfrac{1}{3}$보다 2명이 많았다고 할 때, 양쪽 안건에 모두 찬성한 사람의 수를 구하시오.

24 세 권의 책 A, B, C가 있다. A를 읽은 학생은 5명, B를 읽은 학생은 4명, C를 읽은 학생은 7명, A와 B를 모두 읽은 학생은 3명, 세 권을 모두 읽은 학생은 2명일 때, C만 읽은 학생의 수가 가장 적은 경우는 몇 명인지 구하시오.

◤ MEMO